全脑高效记忆法

[德] 马丁·西蒙 著   徐旸 译

江苏凤凰科学技术出版社·南京

Published originally under the title see §2(1) © 2008 by GRAEFE UND UNZER VERLAG GmbH, Muenchen.
Chinese translation (simplified characters) copyright:© 2021 by Beijing Hanbook Publishing LLC through The Copyright Agency of China.

吉林省版权局著作权合同登记　　图字：07-2012-3832号

图书在版编目（CIP）数据

全脑高效记忆法 /（德）马丁·西蒙著；徐旸译.
南京：江苏凤凰科学技术出版社，2025.02. -- ISBN 978-7-5713-4765-9

Ⅰ.B842.3

中国国家版本馆CIP数据核字第2024C27L21号

全脑高效记忆法

著　　　者	［德］马丁·西蒙
译　　　者	徐　旸
责 任 编 辑	倪　敏
责 任 设 计	蒋佳佳
责 任 校 对	仲　敏
责 任 监 制	方　晨
出 版 发 行	江苏凤凰科学技术出版社
出版社地址	南京市湖南路1号A楼，邮编：210009
出版社网址	http://www.pspress.cn
印　　　刷	天津丰富彩艺印刷有限公司
开　　　本	787 mm×1 092 mm　1/16
印　　　张	8
字　　　数	202 000
版　　　次	2025年2月第1版
印　　　次	2025年2月第1次印刷
标 准 书 号	ISBN 978-7-5713-4765-9
定　　　价	39.80元

图书如有印装质量问题，可随时向我社印务部调换。

目 录

快速记忆的3个技巧 001
提高记忆力的7种方法 005

第 1 章　轻松开启词句记忆之门 006

1　去面包店买早餐 006
2　精致的美食 006
3　概念混合记忆Ⅰ 007
4　概念混合记忆Ⅱ 007
5　反义词判断Ⅰ 008
6　反义词判断Ⅱ 008
7　分类记忆Ⅰ 009
8　分类记忆Ⅱ 009
9　宠物名 010
10　五颜六色的家具 010
11　拼写单词 011
12　陌生的拼写Ⅰ 011
13　不常见的外语词Ⅰ 012
14　虚构的外语词Ⅰ 012
15　"传送带"Ⅰ 013
16　摆满物品的小桌子 013
17　三项任务 014
18　儿歌 014
19　室内障碍赛 015
20　发挥想象力 015
21　"特殊"的童话 016

22　分类记忆Ⅲ 016
23　分类记忆Ⅳ 017
24　地下室里的工作间 017
25　请连线 018
26　词语"圆舞曲" 019
27　嫁妆 019
28　十二对夫妻 020
29　反义词判断Ⅲ 020
30　陌生的拼写Ⅱ 021
31　概念混合记忆Ⅲ 021
32　分类记忆Ⅴ 022
33　"传送带"Ⅱ 022
34　书 023
35　单词"正方形" 023
36　虚构的外语词Ⅱ 024
37　凌乱的文字 024
38　"三驾马车" 025
39　不常见的外语词Ⅱ 025
40　五项任务 026
41　反义词判断Ⅳ 026

第 2 章　数字记忆的诀窍 027

42　黄、白、灰"三色旗" 027
43　有关联的数字 027
44　数字顺序Ⅰ 028

45　数字组合Ⅰ 028
46　数字记忆Ⅰ 029
47　数字的"代名词"Ⅰ 029

48 数字运算 I ...030	70 数字顺序 IV ...041
49 "热带丛林"中的五个四位数 ...030	71 符号顺序 II ...041
50 数学题 ...031	72 数字组合 III ...042
51 "有方向"的数字 ...031	73 数字的"代名词" IV ...042
52 分等级训练 ...032	74 混乱的数字 II ...043
53 数字游戏 ...032	75 五列数字 ...043
54 数字顺序 II ...033	76 数字记忆 IV ...044
55 符号顺序 I ...033	77 约会 III ...044
56 约会 I ...034	78 数字运算 III ...045
57 计算符号 ...034	79 算式 ...045
58 密码不能忘 ...035	80 数字的"代名词" V ...046
59 数字的"代名词" II ...035	81 三道计算题 ...046
60 数字顺序 III ...036	82 数字组合 IV ...047
61 混乱的数字 I ...036	83 符号顺序 III ...047
62 九宫格 ...037	84 约会 IV ...048
63 数字组合 II ...037	85 颜色不同的数字 II ...048
64 数字记忆 II ...038	86 数字记忆 V ...049
65 数字的"代名词" III ...038	87 数字运算 IV ...049
66 约会 II ...039	88 数字顺序 V ...050
67 数字运算 II ...039	89 数字的"代名词" VI ...050
68 颜色不同的数字 I ...040	90 数字记忆 VI ...051
69 数字记忆 III ...040	91 数字组合 V ...051

第 3 章 按分类法记忆 ...052

92 被"除名"的行星 ...052	101 当个果农不简单 ...056
93 五个"小矮人" ...052	102 西班牙艺术家的心 ...057
94 亚速尔群岛 ...053	103 它并不简单 ...057
95 莫扎特的诞辰纪念日 ...053	104 一个极小但虔诚的国家 ...058
96 登顶珠峰 ...054	105 传奇人物 ...058
97 和弦 ...054	106 需求是"创造之母" ...059
98 消化系统 ...055	107 华特·迪士尼 ...059
99 德国的最快速度 ...055	108 童话故事收集者 ...060
100 错误的预言 ...056	109 有关宝石的知识 ...060

110 心脏移植 061	115 独立成就 063
111 一位伟大的作曲家 061	116 "国王的游戏" 064
112 电影镜头 062	117 古典乐团 064
113 皮皮的"灵魂之母" 062	118 热爱和平 065
114 歌唱的"蘑菇头" 063	119 西格蒙德·弗洛伊德 065

第 4 章　图片记忆需要关注细节 066

120 "田野"Ⅰ 066	146 花格子Ⅲ 081
121 数字、图形、颜色 066	147 庆祝的人群 081
122 图形的颜色和形状Ⅰ 067	148 意式滚球游戏 082
123 花格子Ⅰ 067	149 "图片箱"Ⅱ 082
124 路线图Ⅰ 068	150 来自不同地方的人 083
125 职业女性 069	151 物品Ⅲ 083
126 图片和数字Ⅰ 069	152 花格子Ⅳ 084
127 悠闲的午后 070	153 相似Ⅰ 084
128 花 071	154 路线图Ⅲ 085
129 物品Ⅰ 072	155 "田野"Ⅳ 086
130 旅行者 072	156 沙发上的男人 086
131 "图片箱"Ⅰ 073	157 "图片箱"Ⅲ 087
132 图中的数字 073	158 图片和数字Ⅲ 087
133 花格子Ⅱ 074	159 幸福之家 088
134 "田野"Ⅱ 074	160 图形的颜色和形状Ⅲ 088
135 路线图Ⅱ 075	161 人类最好的朋友 089
136 图形的颜色和形状Ⅱ 076	162 夫妇 089
137 偏爱的玩具 076	163 图片和数字Ⅳ 090
138 "田野"Ⅲ 077	164 "田野"Ⅴ 090
139 吊床上 077	165 路线图Ⅳ 091
140 物品Ⅱ 078	166 "万兽之王" 092
141 赠送礼物 078	167 相似Ⅱ 093
142 图片和数字Ⅱ 079	168 花格子Ⅴ 094
143 耳饰 079	169 建筑 094
144 图形记忆测试 080	170 抽象艺术 095
145 沉思 080	

第 5 章　厘清事物之间的内在联系 096

- 171 继承、份额、遗产 096
- 172 请在下午四点前预约 097
- 173 年轻情侣的聚会 097
- 174 连环相撞 098
- 175 树状图 I 098
- 176 方位与距离 I 099
- 177 树状图 II 099
- 178 方位与距离 II 100
- 179 树状图 III 100
- 180 方位与距离 III 101
- 181 树状图 IV 101
- 182 方位与距离 IV 102
- 183 树状图 V 102
- 184 方位与距离 V 103
- 185 树状图 VI 103
- 186 方位与距离 VI 104
- 187 树状图 VII 104

第 6 章　把文字想象成画面，以加深记忆 105

- 188 命运 105
- 189 "超级大脑" 105
- 190 《在夕阳中》 106
- 191 三个句子 I 106
- 192 儿童画 107
- 193 "梦幻之家" 107
- 194 没整理的房间 108
- 195 金婚纪念庆典 108
- 196 "不来梅的音乐家" 109
- 197 美味的麦糁粥 109
- 198 三个句子 II 110
- 199 井井有条 110
- 200 一名城市导游 111
- 201 说错的词 111
- 202 扣人心弦的决赛 112
- 203 复杂的电影之夜 112
- 204 分清轻重缓急 113
- 205 活泼的孩子们 113
- 206 自行车车祸造成的后果 114
- 207 "黑珍珠"乐队 114
- 208 雷雨中的森林 115
- 209 在城际快车上 115
- 210 艺术家卡尔 116
- 211 抢劫案的目击者 116
- 212 狂欢节车队 117
- 213 团队成员 117
- 214 令人眼花缭乱的配置 118
- 215 移民背景 118
- 216 三个句子 III 119
- 217 小偷 119
- 218 公交车 120
- 219 烈日当空 120
- 220 三个句子 IV 121
- 221 使用说明 121
- 222 日常采购 122

快速记忆的3个技巧

记忆技巧1：根据字母编故事

设想一下，你是一场司机肇事逃逸的交通事故的目击者。尽管看清了肇事车辆的车牌号码，但由于你手头没有笔，所以不能把车牌号码写下来。大多数人会怎么做？他们会一遍遍地在脑中重复这些数字与字母的组合，以免遗忘。的确，如果某件事没有与其他事物联系在一起，我们很难记住它。在记忆字母的顺序上也有一些技巧，我们可以找到一些记住字母顺序的方法。

其中一种方法是"元音字母填充法"。在大多数情况下，只有在记住了两个辅音字母时，你才能使用这种方法。在这些辅音字母的前面、中间或后面，必须填上若干个元音字母才能构成一个单词。例如，用字母组合pl可以拼出英文单词"people（人民）"；而通过rm，我们则可以记住英文单词"room（房间）"。

而在记忆两个或两个以上的字母（无论是元音字母还是辅音字母）时，使用"首字母法"会有很大的帮助。可采用这种方法将若干个单词组成短语，并把容易记忆的字母当作首字母。例如，由asap这四个字母就可以较容易组合出"as soon as possible（尽快）"这个短语。而当需要进行组合的单词数量很多时，也可以将这些单词组成句子来进行记忆。

当"单词链"越来越长，使用构成短语或句子这样的方法来记忆就越来越困难。这个时候就需要通过"编故事"来帮助记忆了。

那我们应该怎样用字母去编一个故事呢？非常简单：先通过字母想象出一幅字母画，然后以这幅画为基础，构思出一个充满想象力的故事情节。为此我们必须先完成一些准备工作。我们要先为英文字母表中的二十六个字母想出固定且容易记住的图例。下面这张表是一个示例。当然，你也可以想出其他图例。

a=auto 汽车	j=jog 慢跑	s=sheep 羊
b=banana 香蕉	k=king 国王	t=toast 吐司
c=chorus 合唱队	l=lion 狮子	u=universe 宇宙
d=dog 狗	m=mouth 嘴	v=venture 冒险
e=egg 鸡蛋	n=nut 核桃	w=wind 风
f=foot 脚	o=olive 橄榄树	x=xylophone 木琴
g=gold 黄金	p=pilot 飞行员	y=yoga 瑜伽
h=help 帮忙	q=queen 女王	z=zipper 拉链
i=ibex 野生山羊	r=race 种族	

下面你需要准确地记住这样一个字母组合——sedbi，也许你可以花一分钟编一个荒诞却不容易忘记的小故事。下面就是一个据此编出来的小故事——《鸡蛋和羊》：

有一天，我们家的羊（sheep）下了一个鸡蛋（egg），结果被隔壁的那条狗（dog）看见了。它飞快地跑了出来，但它并没跑多远，就因为地上的香蕉（banana）皮而狠狠地滑了一跤。正在吃草的野生山羊（ibex）吓得跳了起来。

在编故事的时候要注意保持字母原来的顺序。首先提到羊，然后提到鸡蛋，接着提到狗、香蕉，最后才提到那只野生山羊。

记忆技巧2：将数字符号形成体系

记忆对图片"情有独钟"，没有什么比图片更容易让人记住。本书讨论的许多记忆诀窍（记忆法）是建立在图片符号的基础上的。在此我们要探讨数字与图片形式是否能相提并论。

请你将下面十组"数字—图片"组合熟记在心。你很容易发现每张图片都与其对应的数字有密切联系。例如，足球是圆的，就像数字0一样；蜡烛竖立在那里就像数字1一样；收起了双翅的天鹅就像数字2一样；三叉戟代表数字3；有四个叶瓣的苜蓿草代表数字4；一只张开的手伸出五根手指代表数字5；大象勾起鼻子的样子像数字6；旗杆上旗帜飘扬的样子像数字7；沙漏的形状像数字8；最后一张图中九个保龄球的瓶柱代表了数字9。

0 = 足球	5 = 手
1 = 蜡烛	6 = 大象
2 = 天鹅	7 = 旗帜
3 = 三叉戟	8 = 沙漏
4 = 四叶草	9 = 保龄球

你将上面十张图片熟记后，下一步便是进行数字记忆联想。当你必须将一个确切的数字准确无误地记住时，你可以先将这个数字想象成一张图片或者编出一个图片故事。这虽然要花费一些时间，但能帮助你在长期记忆的过程中形成许多记忆方法。

例：4581→四叶草、手、沙漏、蜡烛

如果你要记住上述数字，你可以先想象自己如何在一片草地上发现了有四个叶瓣的苜蓿。对于这一发现你感到非常惊奇，然后你兴奋地采摘苜蓿草，并将其小心翼翼地放入自己张开五指的手掌中。你拿着苜蓿草进入一间桑拿房，在那里用沙漏计时，蒸了十五分钟桑拿。你汗水直淌地观察着苜蓿草，忽然发现一滴汗珠滴在了它的叶瓣上。这时忽然停电了，四周漆黑一片。然而马上有一位女服务生过来了，她手里拿着一根蜡烛进行应急照明。

相信你能记住这个故事。人们的想象力是无限的，故事越离奇越容易被记住。

另一种类似的辅助记忆方法是"数字押韵体系"。对于每个数字，你需要记住一个形象生动的词，它要跟该数字是同韵词，或者看起来、听起来相似。在每种语言中都可以用到类似的记忆方法。

00 ▶ 眼睛	05 ▶ 领舞
01 ▶ 冬衣	06 ▶ 领略
02 ▶ 冻耳	07 ▶ 动气
03 ▶ 东山	08 ▶ 领班
04 ▶ 临死	09 ▶ 灵枢

记忆技巧3：巧记人名

请先在脑海中为需要记住的每一个名字想象出一个画面，就像下面的例子。

男子名   **想象的画面**

1. 莱昂   雄狮（两者在德语中的发音和拼写都相似）
2. 玛克西米利安   童话中的巨人
3. 亚历山大   亚历山大大帝［马其顿王国（亚历山大帝国）国王］
4. 卢卡斯   圣殿
5. 保罗   弗雷德里克·威廉·保卢斯，法利赛人扫罗
6. 卢卡   卢卡·托尼，著名的足球明星
7. 蒂姆   提姆布克图（非洲的绿洲城市）
8. 菲利克斯   幸运，放声大笑
9. 大卫   对抗巨人的英雄，小个子的胜利者
10. 埃利亚斯   文明的进程

女子名   **想象的画面**

1. 安吉拉   "天使"，美丽又娇小的女子
2. 索菲亚   沙发
3. 玛利亚   耶稣之母
4. 安娜、安妮   优美，妩媚
5. 贝蒂   电视剧《丑女贝蒂》
6. 乔伊斯   快乐的、活泼的女孩
7. 凯莉   美国流行乐坛知名女歌手
8. 伊芙   夏娃，《圣经》中亚当的妻子
9. 劳拉   光芒，头顶光环的女士
10. 梅雷迪恩   来自海的"守护神"

请你在想象中构建起人与名字之间的一道形象的"桥梁"。例如,你可以想象叫"蒂姆"这个名字的男士包着头巾坐在绿洲中,抽着水烟筒。或者想象"梅雷迪恩"是守护着海洋的女神。

当记忆姓氏时,就有些困难了。这是因为名字通常有众所周知的含义,不需要人们花费太多的想象力就可以在其与外界事物之间构建起一座"桥梁"。但大多数姓氏是抽象的,这就需要我们拥有更多的创造才能。在接下来的例子中,你可以看到一位记忆专家是怎样把人名中的姓氏记住的。

他通常会运用充满想象力的特征来记住一个人的姓氏。例如,丘吉尔(Churchill)女士最喜欢的户外运动是登山("山"的英文名称是hill)。在他的想象中,他把丘吉尔女士和登山爱好者联系在一起。这样的细节已经足够作为记忆的"支撑点"了。想到"山(hill)"就会使人们的思维转到"丘吉尔(Churchill)"上。为了保险起见,他寻找了更多的记忆"支撑点"——另一幅能够让他想起"丘吉尔(Churchill)"的画面是"教堂(church)"。在他的想象中,善良的丘吉尔女士坚持每周都去"教堂(church)"做礼拜。所

丘吉尔

有关于姓名联想的"无稽之谈",这位记忆专家都会在脑海中想象得尽可能明确和详细,这样他才能在一年后还记得住这些名字。记住名字的好处是,他能够在现实中及时将他们的形象与各自的名字对应起来,以便礼貌地对待别人。

提高记忆力的7种方法

记忆力训练并不是一件简单、乏味的事，相反，它轻松、愉快、充满想象力。为什么记忆力训练如此有趣？让我们用下面七种有助于提高记忆力的方法来加以证明。

1. 逻辑

运用逻辑思维的方法通常可以实现对许多不连贯信息的记忆。例如需要记忆数字3612244896192384，当人们能认识到在这一组数字中，排在后面的一个数是前一个数的倍数（3、6、12、24等）时，就能很容易记住它。但类似这样的逻辑在需要记住的事物中很少出现，所以对这种方法的运用并不频繁。

2. 联想

将新事物与已有的知识联系起来进行记忆总是可行的。拥有的知识越多，就越容易找到新事物的可联想之处。例如，假如你在1981年发生过一次自行车车祸，你将发生车祸的年份与重力加速度的数值（约为9.81米/秒^2）联系起来进行联想记忆时，就能更容易记住这一事件。

3. 定位

这种方法需要我们提炼需记忆的内容的要点——也就是将我们想要记住的内容与这些要点联系起来，通过记忆内容与要点之间的联系，使内容按一种特定的顺序被记住。

4. 想象力

当无法构建合理联想时，我们可以运用创造力和想象力来创建备忘记号。"鞋"的意大利语为scarpa，如果想要记住它，我们可以想象一个夏尔巴人（Sherpa，中国西藏、尼泊尔和印度交界地区的山地民族）穿着意大利的名鞋在冰川上漫步的场景。

5. 情感

情感是人们生活中的重要组成部分。所有能够引起人们强烈的情感波动或者影响人们心情的事物，都会在人们的记忆中留下深刻印象，因此情感丰富的场景更容易被记住。

6. 转换

这一方法指把抽象的事物转换为具体明确的画面的方法。例如，如果要记忆质能方程$E=mc^2$，我们可以想象这一画面：爱因斯坦（Einstein）在麦当劳（McDonald's）餐厅里，他手里拿着两个汉堡。这样一来，这个方程式就容易记住了。

7. 可视化

人类在脑中绘制图景的能力对人的记忆力影响很大，一幅明确又具体的画面是很难被人的大脑忘掉的。

第 1 章

轻松开启词句记忆之门

1 去面包店买早餐

你要去面包店买些面包当早餐。请记住下列描述：

- 六个招牌小面包
- 五个奇亚籽小面包
- 两个"8"字形烘饼
- 三个碱性小面包
- 四个牛角面包
- 一个夹乳酪的小面包

请你挡住上方题目，回答下列问题。
（1）你需要买几个奇亚籽小面包？
（2）哪种面包需要买三个？
（3）清单上的面包一共有几个？
（4）请将清单上的面包按数量由少到多进行排序。
（5）哪两种面包的数量加起来刚好等于七？

2 精致的美食

去美味食品店购物的任务有些难。你能把下面这张清单中的内容都记住吗？

- 红醋栗汁
- 意式橄榄面包
- 赤霞珠干红葡萄酒
- 爱尔兰熏鲑鱼
- 大豆肉片
- 德国松露
- 南瓜子酱
- 手工肉酱细面

请你挡住上方题目，回答下列问题。
（1）清单上有几种不同的饮料？
（2）清单上列出的是哪种肉片？
（3）清单上的最后一种美食是什么？
（4）需要购买的是哪种果汁？
（5）清单上要购买的酱是哪种？
（6）清单上一共有多少种美食？
（7）有几种美食的名称是由四个汉字组成的？
（8）哪种美食来自一个岛国？

3 概念混合记忆 I

下面的各个词语之间没有任何关联，你需要记住它们。

- 鸽子
- 洋葱
- 假期
- 地球
- 面纱
- 超市
- 现场音乐

- 祖国
- 烟雾
- 键盘
- 午夜
- 周口店人
- 新闻记者
- 电视机

- 汽车
- 足球场
- 镜子
- 贵族
- 爬行动物
- 假肢

请你挡住上方题目，你能凭记忆记起被替换的词语吗？

鸽子	祖国	汽车
土豆	烟雾	足球场
度假	胜地	键盘
镜子	地球	星空
贵族	面纱	石器时代人类
四脚动物	超市	假肢
现场音乐	电视机	编辑

4 概念混合记忆 II

下面这张清单也需要记住，你可以花几分钟来记住它。

- 电影院
- 企鹅
- 泰坦尼克号
- 胆小鬼
- 降落伞
- 宝石
- 狮子

- 眉毛
- 雷雨
- 小红萝卜
- 游乐园
- 花园
- 扫帚柄
- 意大利

- 唇膏
- 马戏团的帐篷
- 创伤止痛乳膏
- 蓟（一种草本植物）
- 背带裤
- 刑讯柱

请你挡住上方题目，并试着把上面的二十个词语默写出来。

5 反义词判断 I

下面有十八组汉语词语，每一组都是一组反义词，请试着记住它们。

- 快—慢
- 找到—丢失
- 敌人—朋友
- 近—远
- 饿—饱
- 喋喋不休—一声不吭
- 赞同—反对
- 拿—给
- 开始—结束
- 生—死
- 对—错
- 深—浅
- 昂贵—便宜
- 允许—禁止
- 强—弱
- 厚—薄
- 胜利者—失败者
- 明—暗

请你挡住上方题目，补充下面每组反义词中缺少的部分。

禁止—_____　　找到—_____　　胜利者—_____

喋喋不休—_____　　明—_____　　近—_____

朋友—_____　　死—_____　　反对—_____

薄—_____　　错—_____　　饿—_____

给—_____　　快—_____　　结束—_____

便宜—_____　　深—_____　　强—_____

6 反义词判断 II

下面十七组词语较为难记，其中有许多词语比较抽象。

- 单——繁多
- 大胆的—畏惧的
- 坚固的—不稳的
- 疲惫的—轻松的
- 报复—宽恕
- 善意的—恶意的
- 悠闲—辛劳
- 警惕的—松懈的
- 粗鲁—优雅
- 责备—赞扬
- 凶狠的—和气的
- 进攻—防守
- 悲伤—欢乐
- 忘记—牢记
- 失礼的—友好的
- 贷款—存款
- 贫瘠—肥沃

请你挡住上方题目，补充下面每组反义词中缺少的部分。

牢记—_____　　畏惧的—_____　　肥沃—_____

欢乐—_____　　恶意的—_____　　悠闲—_____

单—_____　　赞扬—_____　　优雅—_____

凶狠的—_____　　防守—_____　　报复—_____

警惕的—_____　　疲惫的—_____　　贷款—_____

不稳的—_____　　友好的—_____

7 分类记忆 I

请记住下面这张表格。它包含了四个类别，每个类别有六个词语，一共二十四个词语。请记住每个具体类别下的词语的汉语拼音首字母。

汽车部件	职业	植物	军职
座椅	牙医	蘑菇	少校
刹车	工程师	野草	中校
车顶盖	验光师	冰草	一级军士长
阀门	建筑师	柳树	列兵
方向盘	木工	荞麦	大校
车尾	化学家	丁香	上将

请你挡住上方题目，写出以下列汉语拼音字母开头的词语。

s: _____   h: _____   q: _____
x: _____   c: _____   f: _____
d: _____   b: _____   z: _____
l: _____   m: _____   j: _____
g: _____   y: _____

8 分类记忆 II

下面的表格中包含了四个类别及每个类别下的一些词语，请记住每个具体类别下的词语的汉语拼音首字母。

城市	国家	河流	名字
香港	乌拉圭	伊勒尔河	米克尔
里加	保加利亚	鄂毕河	克里斯蒂安
内罗毕	秘鲁	底格里斯河	卡萨维尔
埃尔福特	津巴布韦	阿勒河	哥达
威尼斯	芬兰	伏尔加河	库尔特
基多	也门	多瑙河	路易

请你挡住上方题目，写出以下列汉语拼音字母开头的词语。

f: _____   n: _____   j: _____
a: _____   e: _____   m: _____
d: _____   w: _____   g: _____
x: _____   b: _____   k: _____
y: _____   l: _____

9 宠物名

丽莎养了很多宠物，并给它们中的每一只都起了名字。你能将它们的名字都记住吗？

- 猫：马玲佳
- 虎皮鹦鹉：米高
- 豚鼠：萨西西亚
- 狗：贝皮诺
- 兔子：巴拉辛加
- 家鼠：费皮里托
- 仓鼠：夏尼
- 金鱼：莫汉佳
- 矮种马：鲁力欧

请你挡住上方题目，回答下面的问题。
（1）仓鼠叫什么名字？
（2）有哪些宠物的名字的汉语拼音声母是m？
（3）哪只宠物的名字叫鲁力欧？
（4）有哪些宠物的体形在通常情况下要比兔子的体形小？
（5）哪只宠物的名字叫马玲佳？
（6）家鼠的名字叫什么？

10 五颜六色的家具

一板一眼不是托尼的风格。他的家中有许多不同颜色的家具。请想象一下托尼的房子里的画面，并仔细地想象出这些家具的形态，这样就能比较容易记住家具的颜色了。

- 沙发：紫色
- 玄关柜：深黄色
- 客厅的柜子：粉红色
- 餐桌：淡绿色
- 椅子：灰色
- 沙发椅：红色
- 衣架：黄色
- 客厅的桌子：橙色
- 书架：棕色

请你挡住上方题目，回忆家具的颜色。
（1）哪种家具是黄色的？
（2）哪些家具的名称的汉语拼音声母是s？
（3）书架是什么颜色的？
（4）餐桌是什么颜色的？
（5）哪些家具的颜色名称中含有"红"这个字？
（6）哪些家具的名称是由三个汉字组成的？

11 拼写单词

请记住下面十二个字母。

• T	• O	• P
• F	• E	• R
• D	• E	• P
• I	• R	• A

下列单词中有哪些是由上面中的十二个字母组成的？请在相应的单词前面的方框里画"√"。

☐ PIRAT   ☐ DOSE   ☐ REITPFERD
☐ PARODIE   ☐ OFEN   ☐ PFORTE
☐ BROT   ☐ PAPIER   ☐ TREPPE
☐ ORDER

12 陌生的拼写 I

请你记住以下词语。

- Echeveria
- Umbellifere
- Saprophage
- Funiculaire
- Pikkolo
- faute de mieux
- Hygrochasie
- Therophyt
- Bhagawadgita
- Quinquagesima
- Nitroglyzerin
- Dysteleologie
- Chansonniere
- Antarthritikum
- Samkhja
- Kompossibilit.t

请在拼写正确的词语前面的方框里画"√"。

☐ Antartrithikum   ☐ Hydrocasie   ☐ Quinquagesima
☐ Umbelifere   ☐ Echefferia   ☐ Funiqulaire
☐ Saphropage   ☐ Distheleologie   ☐ Baghawathgita
☐ faute de mieux   ☐ Channsoniere   ☐ Kompossibilit.t
☐ Therophyt   ☐ Pikkolo   ☐ Samkhja
☐ Nitroglyzerin

13 不常见的外语词 I

你需要记住下面这些外语词的中文含义。请尝试在两分钟内记住它们。

- odontalgia=牙疼
- mogigraphia=书写痉挛
- poetaster=蹩脚诗人
- alcoolomanie=酒瘾
- petulance=任性
- larynx=喉头
- Deutsch=德意志

请你挡住上方题目外语词的中文含义，在下面的横线上写出与中文含义对应的外语词。

书写痉挛=＿＿＿＿＿＿＿＿＿＿＿＿＿＿＿＿＿＿＿＿＿＿＿＿＿＿＿＿＿
德意志=＿＿＿＿＿＿＿＿＿＿＿＿＿＿＿＿＿＿＿＿＿＿＿＿＿＿＿＿＿＿
牙疼=＿＿＿＿＿＿＿＿＿＿＿＿＿＿＿＿＿＿＿＿＿＿＿＿＿＿＿＿＿＿＿
酒瘾=＿＿＿＿＿＿＿＿＿＿＿＿＿＿＿＿＿＿＿＿＿＿＿＿＿＿＿＿＿＿＿
喉头=＿＿＿＿＿＿＿＿＿＿＿＿＿＿＿＿＿＿＿＿＿＿＿＿＿＿＿＿＿＿＿
任性=＿＿＿＿＿＿＿＿＿＿＿＿＿＿＿＿＿＿＿＿＿＿＿＿＿＿＿＿＿＿＿

14 虚构的外语词 I

下面有十二个虚构的外语词。请准确地记住它们的拼写形式。

- Kamulli
- Bannokop
- Quirch
- Nodklo
- Oworejka
- Chaunildinumba
- Tabolikma
- Jukuss
- Zilitzkijewu
- Glischei
- Hifeide
- Magmienie

请根据上方的外语词的拼写形式，将拼写正确的外语词写在下面的外语词旁边的横线上。

Kanulli ＿＿＿＿＿＿＿＿＿＿＿＿＿＿
Zifitzkijewo ＿＿＿＿＿＿＿＿＿＿＿
Chaunildinumba ＿＿＿＿＿＿＿＿＿
Quinch ＿＿＿＿＿＿＿＿＿＿＿＿＿＿
Hifeide ＿＿＿＿＿＿＿＿＿＿＿＿＿＿
Juckuss ＿＿＿＿＿＿＿＿＿＿＿＿＿＿

Owulejka ＿＿＿＿＿＿＿＿＿＿＿＿＿
Bannokop ＿＿＿＿＿＿＿＿＿＿＿＿＿
Glischie ＿＿＿＿＿＿＿＿＿＿＿＿＿＿
Tadolikma ＿＿＿＿＿＿＿＿＿＿＿＿
Notglo ＿＿＿＿＿＿＿＿＿＿＿＿＿＿
Magminnie ＿＿＿＿＿＿＿＿＿＿＿＿

15 "传送带" I

请想象一下，下面这些东西如同在一条传送带上，在你面前缓缓经过。请尽量记住其中的名称，并在横线上默写出来，不需要记住物品的顺序。

自行车	数码相机	篮球	液晶电视	烤炉
玩偶	红酒	小猪储钱罐	笔记本电脑	手机
吉他	电熨斗	吸尘器	台灯	扬声器
影集	剪刀	啤酒桶	录像机	花束
儿童三轮车	挎包	打印机	耳机	口红
壁画	圆珠笔	假发	金牙	鼻毛剪

你还记得上方题目中"传送带"上的物品吗？请将物品名称都写在下面。

_____

_____

16 摆满物品的小桌子

请记住下面的文字内容。

- 一个梨
- 三根香蕉
- 两个苹果
- 三个橘子
- 一个果盘
- 三个酒杯
- 一个空瓶
- 两把餐刀
- 一把汤匙

请根据你记住的物品名称，在下面画出一幅有创意的静物图。

17 三项任务

请记住下列问题。

（1）请写出五个词尾是tion的英文单词。
（2）请写出三个拥有四个音节的英文单词。
（3）请写出六个以C开头的英文单词。

请回忆上面的问题，并在下面写出它们的答案。
（1）_____
（2）_____
（3）_____

18 儿歌

请记住下列儿歌歌词中的片段。

（1）小燕子……年年春天来这里。
（2）两只老虎……跑得快。
（3）大头儿子……一对好朋友，快乐父子俩。
（4）采蘑菇的小姑娘……清早光着小脚丫，走遍森林和山岗。
（5）在那山的那边、海的那边有一群蓝精灵……他们调皮又伶俐。
（6）小螺号……海鸥听了展翅飞。

请把歌词中缺少的部分写在下面。
（1）_____
（2）_____
（3）_____
（4）_____
（5）_____
（6）_____

19 室内障碍赛

请准确地记住下面的词语及其顺序。假设你在室内散步，并需要按顺序从下面这些家具旁绕过去。

> 桌子 → 椅子 → 床 → 衣柜 →
> 玻璃柜 → 长沙发 → 沙发椅 → 餐具柜 →
> 冰箱 → 凳子 → 斜面工作桌 →
> 长凳 → 衣箱

请按照上方家具的顺序，把家具的名称以每两个一组的形式写在下面。

我们_____
我们_____
我们_____
我们_____
我们_____

20 发挥想象力

请记住下面这些词语，并借助它们的含义在脑中构想出一幅画面。

> 唱歌　舞蹈　食物　饮料
> 口哨　口吻　鼓　胶水
> 切口　跳跃　希望

请回想上方的汉语词语，然后在下面写出"我们"能够做什么。

我们_____ 　我们_____
我们_____ 　我们_____
我们_____ 　我们_____
我们_____ 　我们_____
我们_____ 　我们_____

21 "特殊"的童话

下面的短文中出现了一些"特殊"的字和词。请通读全文，准确地记住这些字和词。

> 从前，有一位飘亮的王后十分渴望能有一个自己的孩子。在一个寒冷的东日，她坐在一扇有着乌檀木边匡的窗户边，然后奏到了窗户前。看着外面飘舞的雪花，她有些师神，一不小心，手中的缝衣针扎到了手止。看着血滴落在血地上，她说道："我的孩子，你的皮肤要如雪一样百，嘴唇要如鲜雪一样红，头发要如同这边匡上的乌木一样黑。"白雪公主的母亲在她出升后就去世了。一粘后，国王又娶了一位肤人。

请根据你所记住的短文内容，把下面文章中的空白处补充完整。

从前，有一位_____的王后十分渴望能有一个自己的孩子。在一个寒冷的_____，她坐在一扇有着乌檀木_____的窗户边，然后_____了窗户前。看着外面飘舞的雪花，她有些_____，一不小心，手中的缝衣针扎到了_____。看着血滴落在_____上，她说道："我的孩子，你的皮肤要如雪一样_____，嘴唇要如_____一样红，头发要如同这_____上的乌木一样黑。"白雪公主的母亲在她_____后就去世了。一_____后，国王又娶了一位_____。

22 分类记忆 III

请记住下面这张表格上的词语。它共包括四个类别，每一个类别下有六个具体的词语，一共二十四个词语。

颜色	果实	鱼类	恒星
赤红色	橡实	鲨鱼	北河二
红褐色	葡萄柚	剑鱼	老人星
橄榄色	李子	鳗鲡	天津四
橘黄色	柠檬	青鱼	织女星
鼠灰色	无籽西瓜	银鱼	参宿七
古铜色	西红柿	比目鱼	北河三

挡住上方题目，请写出以下列字母作为汉语拼音首字母的词语。

b: _____
j: _____
c: _____
m: _____
y: _____
z: _____

g: _____
q: _____
p: _____
n: _____
h: _____

t: _____
s: _____
x: _____
l: _____
w: _____

23 分类记忆 IV

在下面这张表中，四个类别下的二十四个词语的汉语拼音首字母大部分不相同。请记住这张表上的词语。

香料植物	衣物	矿物	畜禽
莳萝	套衫	玉	公鸡
苦艾	长袍	锆石	驴
薄荷	制服	玛瑙	公牛
丁香	马裤	白水晶	羊羔
姜	褶边裙	金刚石	雄鹅
茴香	西服上装	黄水晶	骆驼

挡住上方题目，请写出以下列字母作为汉语拼音首字母的词语。

x: _____   y: _____   s: _____
k: _____   b: _____   d: _____
j: _____   h: _____   t: _____
c: _____   z: _____   m: _____
g: _____   l: _____

24 地下室里的工作间

苏西和彼得在爷爷的地下室里的工作间"寻宝"，下面是他们所找到的物品，请记住下面这些物品的名称。

- 剪刀
- 钉子
- 大头针
- 卷笔刀
- 锤子
- 电池
- 布头
- 钳子
- 螺丝刀
- 线
- 圆珠笔

请根据你所记住的地下室里的工作间中的物品名称，判断哪些物品对下面出现的情况有帮助。

（1）彼得的袜子上破了一个洞。
（2）苏西的MP3的声音越来越小。
（3）爸爸的衬衣上露出了一条线。
（4）爷爷的铅笔断了。
（5）彼得需要在书包上做记号。
（6）苏西想在墙上挂一幅画。
（7）柜子上的钉子松了。

25 请连线

安妮卡和吴伟想搬到一起住，于是搬家这天出现了下面这些物品：

吴伟的物品	安妮卡的物品
床	咖啡机
立体声音箱	吹风机
电脑	窗帘
洗衣机	茶几
架子	书桌
仙人掌	电视
沙发	椅子
床头柜	餐桌
冰箱	地毯
枕头	电话
台灯	微波炉

在下图中，每样东西各属于谁？请根据你对上方物品名称的记忆，在下列物品旁写上它们的主人的名字。

26 词语"圆舞曲"

请尽可能多地记住下列词语。这些词语的汉语拼音字母顺序会被打乱，你需要辨认出这些词语的汉语拼音。

- 独裁者
- 飞黄腾达
- 加速
- 狂风暴雨
- 亲戚
- 寄生虫
- 结构
- 缆车
- 保龄球之夜
- 原则
- 性格描写
- 尼古拉教堂
- 本能
- 倒影
- 齿轮
- 爆炸
- 法规
- 越野滑雪
- 认错
- 滑稽的人

下面是被打乱字母顺序的汉语拼音。你能辨认出它们是上方哪些词语的汉语拼音吗？请把相应的词语写在汉语拼音下面。

feidatenghuang   goujie   zhecaidu   zhabao
_____   _____   _____   _____

xiegexingmiao   yubaokuangfeng   qiqin   renhuadeji
_____   _____   _____   _____

cuoren   lunchi   nengben   qiuzhiyelingbao
_____   _____   _____   _____

yingdao   chongshengji
_____   _____

27 嫁妆

伊丽莎白要与奥利弗结婚了，她给父母写了张清单，列出了她希望得到的嫁妆。请记住这些物品名称。

- 煮蛋器
- 香槟杯
- 咖啡杯
- 烤面包机
- 刀具
- 全套餐具
- 烹饪木勺
- 葡萄酒杯
- 食物加工机
- 锅
- 咖啡机
- 锅铲
- 碗

伊丽莎白的父母把嫁妆清单弄丢了。请根据记忆，将伊丽莎白所写的嫁妆清单上的物品名称写在下面的横线上。

_____

_____

28 十二对夫妻

你能记住下面这些夫妻的名字吗？

- 钱锺书和杨绛
- 周恩来和邓颖超
- 邓小平和卓琳
- 三毛和荷西
- 傅雷和朱梅馥
- 沈从文和张兆和
- 孙中山和宋庆龄
- 吴文藻和冰心
- 吴祖光和新凤霞
- 巴金和萧珊
- 徐志摩和陆小曼
- 梁思成和林徽因

请根据记住的夫妻的名字，将下方横线处补充完整。

沈从文和_____   巴金和_____   三毛和_____

朱梅馥和_____   林徽因和_____   吴祖光和_____

冰心和_____   杨绛和_____   陆小曼和_____

宋庆龄和_____   周恩来和_____   邓小平和_____

29 反义词判断 Ⅲ

下面有十七组词语，每组词语是相反的关系。请记住下面这些词语。

- 自由的—拘束的
- 朋友—敌人
- 游手好闲—埋头苦干
- 盈利—亏损
- 唯物主义—唯心主义
- 出口—进口
- 粗野无礼—彬彬有礼
- 胜利—失败
- 迟钝—灵敏
- 阳光灿烂—乌云密布
- 干净—肮脏
- 有序—混乱
- 虚幻的—现实的
- 胆怯—勇敢
- 冷冰冰的—热乎乎的
- 业余—专业
- 肯定的—否定的

请根据你记住的反义词，将下列的词组补充完整。

冷冰冰的—_____   进口—_____   灵敏—_____

胜利—_____   彬彬有礼—_____ 盈利—_____

勇敢—_____   肮脏—_____   唯物主义—_____

拘束的—_____   虚幻的—_____   朋友—_____

业余—_____   埋头苦干—_____ 乌云密布—_____

否定的—_____   有序—_____

30 陌生的拼写 II

请记住下面这些外语词的准确拼写形式（注：外语词为德语）。

- Katze 猫
- Wasser 水
- Sonne 太阳
- Geld 钱
- Hitler 希特勒
- Nacht 夜晚
- morgen 明天
- Computer 电脑
- Mund 嘴
- Deutschland 德国
- Main 美因河
- Hund 狗
- Wind 风
- Lippe 唇
- Volkswagen 大众
- Tag 白天

下面的许多外语词都有拼写错误，请根据对上方外语词的记忆，在下面拼写正确的外语词前面的方框里画"√"。

- ☐ Katze
- ☐ Mund
- ☐ Tug
- ☐ Computer
- ☐ Senno
- ☐ Main
- ☐ Wessar
- ☐ Deutschland
- ☐ Hetli
- ☐ Hund
- ☐ Gled
- ☐ Wind
- ☐ morgen
- ☐ Lippe
- ☐ Nacht
- ☐ Volkswagen

31 概念混合记忆 III

下面的各个词语之间没有任何关联，你需要记住它们。你可以在脑海中勾画出一幅充满想象力的画面。

- 西红柿
- 圆锯
- 书架
- 雾
- 涡轮
- 绳索
- 池塘
- 圣诞树
- 松鼠
- 袋装水泥
- 高尔夫球
- 钢琴
- 蛋
- 桶
- 墨水
- 烤肉
- 新娘面纱
- 金币
- 雨
- 跳板
- 紫色
- 肥料堆
- 牙齿缝隙
- 烟
- 花园小陶俑
- 游泳池
- 花园
- 宝石
- 牙刷
- 猿猴
- 螺旋桨
- 停车场
- 红酒
- 汽车轮胎

你能确定下面哪些是新增加的词语吗？请在新增词语前面的方框里画"√"。

- ☐ 紫色
- ☐ 烟
- ☐ 烧肉
- ☐ 红酒
- ☐ 雨
- ☐ 松鼠
- ☐ 跳板
- ☐ 牙刷
- ☐ 烧烤店
- ☐ 陀螺
- ☐ 金币
- ☐ 新娘面纱
- ☐ 金刚石
- ☐ 汽车轮胎
- ☐ 蛋
- ☐ 机翼
- ☐ 涡轮
- ☐ 游泳池
- ☐ 猿猴
- ☐ 花园小陶俑
- ☐ 圣诞树
- ☐ 袋装水泥
- ☐ 垃圾桶
- ☐ 墨水
- ☐ 停车位
- ☐ 绳索
- ☐ 电锯
- ☐ 肥料堆
- ☐ 苹果
- ☐ 牙齿缝隙
- ☐ 雾
- ☐ 书架
- ☐ 池塘
- ☐ 网球

32 分类记忆 V

请记住下面这张表。它包含四个类别，每个类别下有六个词，一共有二十四个词。

菌类	河流	职业	乐手
蘑菇	因河	钟表匠	号手
金针菇	莱希河	屠夫	大提琴手
松茸	特劳恩河	织工	横笛手
灵芝	阿勒河	车工	单簧管手
木耳	莱茵河	鞋匠	低音提琴手
牛肝菌	波河	制革工	鼓手

请根据你的记忆，写出以下列汉语拼音作为首字母的汉语词语。

m: _____   y: _____   g: _____
h: _____   z: _____   t: _____
l: _____   a: _____   c: _____
d: _____   s: _____   n: _____
b: _____   j: _____

33 "传送带" II

请尽可能多地记住下面的物品名称。每个名称可以花三秒钟左右记忆，可以不必记住这些物品名称的顺序。

旅游鞋	胡椒面	耳环	烤箱垫布	蛋糕铲
园艺剪刀	蜡烛	烤盘	小号	三轮车
锤子	铃铛	汗衫	壁毯	百科辞典
吸管	鞋盒	门把手	马铃薯袋	镜框
龟	风笛	大啤酒杯	海滩篷椅	带套的绳索
马戏团帐篷	观剧镜	独木舟		

请写出所有你能回忆起的物品名称。

_____
_____
_____
_____

34 书

莱纳要帮齐克从城里带回关于下面这些主题的书：

（1）一本关于如何和残疾人交流的书。
（2）一本关于易消化食物的图书。
（3）一本精彩的侦探小说。
（4）一本儿童画册。
（5）一本法国旅行指南。

莱纳也为萨宾娜带了一些书回来，但他分不清哪些书是齐克的了。请在齐克的书前标上记号。

☐《午夜之死》　　　　　　☐《佩特拉与伟大的爱》
☐《一份健康食谱》　　　　☐《出发吧！法兰西》
☐《与残疾人交流的教科书》　☐《龙之守卫者》
☐《菜园的馈赠》　　　　　☐《魔法小城堡》

35 单词"正方形"

请记住下面这个由十六个字母组成的"正方形"。

•D •U •F •T
•L •I •S •T
•A •B •E •R
•L •O •H •N

下面哪些外语词是由上面中的字母表中的字母组合而成的？

☐ SOFIA　　　　☐ ANGRIFF　　　☐ FALTEN　　　☐ TRIBUT
☐ GEHALT　　　 ☐ NEBEL　　　　☐ LINEAL　　　☐ INSTALLATEUR
☐ ENDSTATION　☐ STUDIENRAT　☐ FREUDE　　　☐ UNBESTRAFT
☐ UNIVERSUM　 ☐ ADRESSE

36 虚构的外语词 II

下面有十个虚构的外语词。请记住它们准确的拼写形式，并在下方找出"打印错误"的外语词。

- Rampolilie
- Nasalothy
- Mikilintzafgoll
- Kosanpruchst
- Katastachanko
- Zwollfarbo
- Schukimonzumma
- Rosinovahrum
- Verlottusso
- Armillvztolllum

下面每个虚构的外语词中有一处或多处"打印错误"。请你根据对上方虚构的外语词的记忆，找出下面每个外语词中"打印错误"之处。

Rampollilie　　　　Katastachanko　　　　Rosinovarum
Nasalothie　　　　Zwollfarbo　　　　　Verlottusso
Mikkilintzafgoll　　Schukimonzunna　　Armilluztollum
Kosanbruchst

37 凌乱的文字

请记住下面十个汉语词语。

游戏　开端　节俭　赠品
祷告　文字　苦难
劝告　号令　愿望

请回忆上方的汉语词语，请在下面的横线上写出"我们"能"做什么"。（例如：我们玩游戏）

我们_____　　我们_____
我们_____　　我们_____
我们_____　　我们_____
我们_____　　我们_____
我们_____　　我们_____

38 "三驾马车"

请记住下面这些由三个汉语词语组成的词语组合。

气体 — 炉子 — 银行
奇亚籽 — 蛋糕 — 餐叉
法律 — 角 — 墩柱
建筑 — 木头 — 煤
皮革 — 沙发 — 电梯
母亲 — 绵羊 — 干酪
婚姻 — 戒指 — 战斗
石头 — 时间 — 缺乏

在上方的三个汉语词语的组合中，均有一个词语被列了出来，请将剩下的词语补充完整。

银行—_____—_____   角—_____—_____
建筑—_____—_____   缺乏—_____—_____
战斗—_____—_____   绵羊—_____—_____
蛋糕—_____—_____   石头—_____—_____

39 不常见的外语词 II

请记住下面这些外语词及其中文词义，试着在两分钟内尽可能多地记住这些外语词及其中文词义。

- Abstrakt=抽象的
- Suche=搜寻
- Raptus=勃然大怒
- Desquamation=脱皮
- Krampfen=抽搐
- Schiedsrichter=裁判
- Jingo=沙文主义者
- Kommunikation=交流
- Bereuen=懊悔

请根据你所记住的外语词及其中文词义，在下面的横线上写出与中文词义相对应的外语词。

抽象的 = _____   裁判 = _____
搜寻 = _____   沙文主义者 = _____
勃然大怒 = _____   交流 = _____
脱皮 = _____   懊悔 = _____
抽搐 = _____

40 五项任务

请记住下面五项任务。

> （1）请写出三个汉字押韵的汉语名词。
> （2）请写出两个AABC式的汉语成语。
> （3）请写出七个AABB式的汉语成语。
> （4）请写出五个以"不"开头的汉语成语。
> （5）请写出四个ABAC式的汉语成语。

请记起上面的任务，并写出它们的答案。
（1）_____
（2）_____
（3）_____
（4）_____
（5）_____

41 反义词判断Ⅳ

下面有二十五组汉语词语，每组词语的词义相反，请牢记。

- 猜测 — 坚信
- 从不 — 总是
- 清闲 — 忙碌
- 请求 — 命令
- 沉闷 — 活跃
- 幸运 — 不幸
- 枯燥 — 生动
- 珍贵的 — 普通的
- 抑 — 扬
- 冒险的 — 稳妥的
- 吼叫 — 噤声
- 收获 — 播种
- 敌人 — 朋友
- 懒散 — 勤劳
- 停留 — 前进
- 有效的 — 无效的
- 批评 — 表扬
- 长 — 短
- 官方的 — 民间的
- 近 — 远
- 相同 — 不同
- 牢固的 — 薄弱的
- 缺乏 — 充裕
- 最小值 — 最大值
- 失败 — 成功

请回忆上方词义相反的汉语词语，随后将下面这些挑选出来的汉语词语后的空白处补充完整。

忙碌 — _____
停留 — _____
朋友 — _____
猜测 — _____
冒险的 — _____
沉闷 — _____
噤声 — _____

批评 — _____
最大值 — _____
长 — _____
薄弱的 — _____
请求 — _____
从不 — _____
播种 — _____

官方的 — _____
不同 — _____
失败 — _____
缺乏 — _____
幸运 — _____
有效的 — _____
懒散 — _____

第2章

数字记忆的诀窍

42 黄、白、灰"三色旗"

请牢记右边"旗帜"上的颜色排列顺序。
同时请注意：
黄、白、灰这三种颜色只是背景色，而这些背景色上的数字也有各自的颜色。

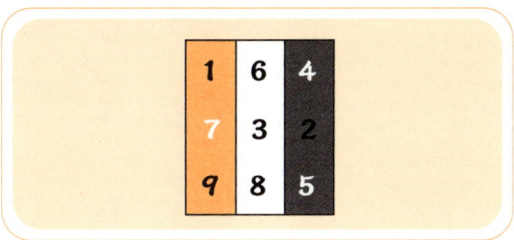

请根据对"三色旗"的记忆回答下列问题。
（1）在"三色旗"图片上，哪种颜色的数字相加得到的总数更大？
（2）请你计算出"三色旗"图片上的所有白色偶数的总和。
（3）请你计算出"三色旗"图片上的所有奇数的总和。
（4）请你计算出位于"三色旗"图片最底部的三个数字的总和。
（5）请你用"三色旗"图片上的所有白色数字的总和减去灰色背景上的所有数字的总和。

43 有关联的数字

请仔细观察下面的数字，试着找出各个数字和其他事物间容易记住的关联。如自己的衣服尺码、母亲的年龄、一个已经很熟悉的密码、房间号或相似的符号等。

| 42 | 13 | 61 | 56 | 64 | 25 | 97 | 88 |

请用直线将下面的数字0和你记住的上面的每个数字相连。

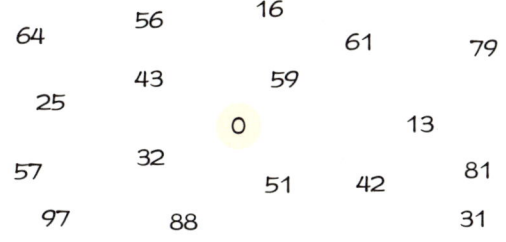

44 数字顺序 I

请尽可能快地记住下列数字的排序，然后完成下面的题目。

7 ▶ 3 ▶ 8 ▶ 4 ▶ 6 ▶ 0 ▶ 1 ▶ 5 ▶ 7 ▶ 2 ▶ 3 ▶ 9

请试着从下面复杂的数字线路图中找到"出口"。从线路图左上角的数字7开始，沿着水平或者垂直的方向，根据上面给出的数字顺序判断这条线路会在哪个位置结束。

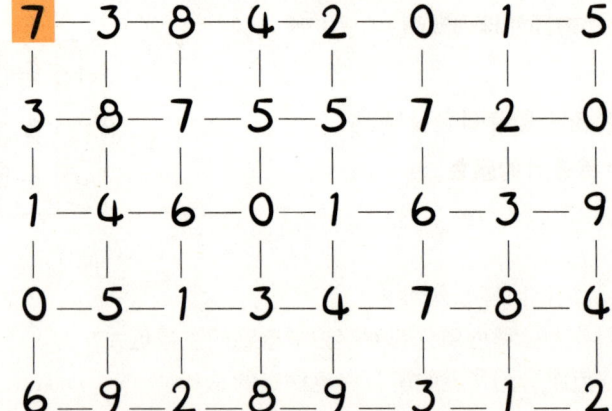

45 数字组合 I

请牢记下面的数字。即便打乱数字的顺序，你也要能辨认出原来的顺序。

558	303	46	47	84	76
601	226	37	31	455	990
277	57	12	97	19	153
20	85	93	345	58	989
496	48	59	61	423	638

下面替换了上方数字表格中的三个数字。你能找出它们是哪几个吗？

558	303	46	47	84	76
601	226	37	31	465	990
277	57	12	97	19	153
20	76	93	345	58	348
496	48	59	61	423	638

46 数字记忆 I

请熟记下面的汉字数字。

（1）七万七千一百零三
（2）十万八千九百七十四
（3）四百三十五万五千六百八十二
（4）六亿九千三百八十七万九千四百一十四

请将上方的汉字数字用阿拉伯数字的形式写出来。
（1）_____
（2）_____
（3）_____
（4）_____

47 数字的"代名词" I

请将下面的数字和与之相关的汉语词语进行成对的联想记忆。可花两分钟设想出一些备忘记号。

- 41 = 姑母的岁数
- 105 = 咖啡滤杯
- 360 = 地球
- 56 = 还款
- 69 = 香蕉
- 38 = 监狱
- 80 = 连衣裙
- 5 = 黄疸
- 22 = 德国
- 75 = 补牙

请回忆上方的数字所对应的汉语词语，同时判断哪个汉语词语所代表的数字更大，之后将"＜"或者"＞"填入两个汉语词语之间的圆圈中。

黄疸 ○ 地球

连衣裙 ○ 还款

姑母的岁数 ○ 补牙

地球 ○ 连衣裙

还款 ○ 黄疸

补牙 ○ 咖啡滤杯

咖啡滤杯 ○ 姑母的岁数

德国 ○ 香蕉

香蕉 ○ 监狱

监狱 ○ 德国

48 数字运算Ⅰ

请记住下面的四步运算，包括给出的运算顺序。

$$+16 \quad -3 \quad \div 2 \quad \times 3$$

下面是一个装满数字的"箱子"。请从"箱子"左上角的数字1开始，找到按顺序应用上方的各个运算步骤运算后得出的数字（应用了一个运算步骤计算后在数字"箱子"中未找到数字，不要停顿，继续应用下一个运算步骤计算数字），最终在下面的数字"箱子"中找出在所有运算结束时计算出的那个数字。

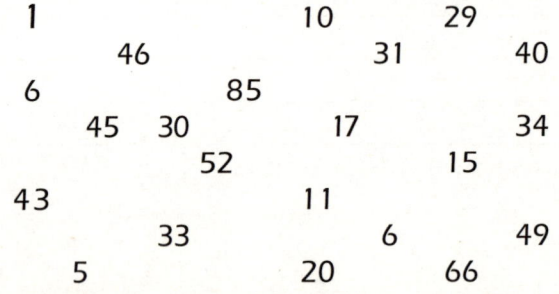

49 "热带丛林"中的五个四位数

请记住下面五个四位数。

| 1 723 | 3 212 | 2 415 | 5 782 | 4 882 |

下面将上方的五个四位数隐藏了起来，请在下图中沿着水平、垂直或对角线的方向寻找，并将它们圈出来。

```
2 2 3 7 5 6 8 0 3 6 4 2 7 0 8 5 9 4 9 1
2 6 3 7 4 8 5 7 1 4 7 1 4 9 5 4 9 6 9 8
0 7 8 1 8 0 3 9 8 1 9 3 9 5 7 6 5 9 3 2
3 2 0 4 4 5 4 1 5 9 6 3 0 3 2 1 2 3 7 3
5 8 2 4 7 9 6 9 3 9 2 0 1 2 5 9 0 3 3 7
4 5 0 6 1 1 7 1 6 3 5 2 0 8 8 7 8 7 4 8 1
4 2 8 5 8 4 4 5 3 0 0 8 3 2 2 7 7 8 9
5 3 8 6 2 4 7 1 5 5 4 8 9 5 8 3 5 8 7 6
4 8 8 2 4 8 4 1 6 5 4 7 6 9 8 6 8 5 4 2
0 1 0 2 2 1 7 3 8 1 8 6 9 0 5 0 6 4 9 0
6 0 6 3 2 8 6 1 0 2 4 7 2 2 5 5 7 1 5 3 1
```

50 数学题

有学生看到了数学老师保尔森教授在下次测验中会考的数学题，他们把数学题抄下并记熟了。

$$17 + 4 + 3 =$$

$$19 + 14 - 26 =$$

$$31 - 13 + 21 =$$

$$26 + 32 - 15 =$$

保尔森教授已经意识到有学生看到了下次测验的数学题。于是他给学生们列出如下算式，并将算式发给他们。这样一来，原本学生们已经看过的数学题也会很容易被他们忘记。请你凭借记忆补全算式。

17 + ___ + ___ = 24　　　　___ + 14 − ___ = 7

___ − ___ + 21 = 39　　　　26 + ___ − ___ = 43

51 "有方向"的数字

下面是几组带有指示方向的数字，请在两分钟内记住它们。本题涉及的数字是按照水平、垂直的方向排列的。可以使用备忘记号来记住它们。

水平方向：	1 2 3 9	2 1 4 7
	3 8 5 6	5 3 0 5
垂直方向：	1 2 3 5	2 1 8 3
	3 4 5 0	9 7 6 5

上方的每组四位数你都记住了吗？请将它们写在下面。

_____
_____
_____
_____

52 分等级训练

请你记住下面的一组数字。较大的数字可记忆两分钟或更长时间。你可以将数字与已经熟知的事物联系起来记忆，如：生日、年份、气温、电话号码等。

（1）536 594
（2）8 365 806
（3）684 956 352
（4）2 025 148 641
（5）91 236 529 866
（6）178 456 933 683
（7）41 548 598 940 515
（8）5 369 619 366 587 514
（9）358 425 949 451 230 425
（10）75 481 156 845 896 326 597

请在下面的横线上填写上面的数字。

_____

_____

_____

53 数字游戏

请准确地熟记下面八个数字的排列顺序、颜色及其所在背景的颜色。不要低估这项记忆力练习，你可能需要多花些时间静下心来记忆。

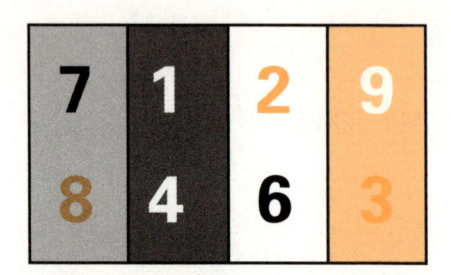

7	1	2	9
8	4	6	3

请根据对上方数字的记忆回答下列问题。

（1）图片上半部分的四个数字的总和是多少？
（2）图片中所有不在黄色背景中的黄色数字之和是多少？
（3）请你算出图片中白色数字的总和与黑色数字的总和之间的差。
（4）在图片中，哪种颜色的数字相加得到的总数最大？
（5）请算出图片中所有非白色背景中的偶数之和是多少？

54 数字顺序 II

请尽可能快地记住下面的数字，然后回答问题。

4 ▶ 3 ▶ 9 ▶ 6 ▶ 9 ▶ 2 ▶ 1 ▶ 8 ▶ 5 ▶ 0 ▶ 7 ▶ 7

试着从下面复杂的数字线路图中找到"出口"。请从线路图顶部的数字4开始，沿着水平或垂直的方向，按照给出的数字顺序来寻找数字，判断这条线路最后会在哪个位置结束。

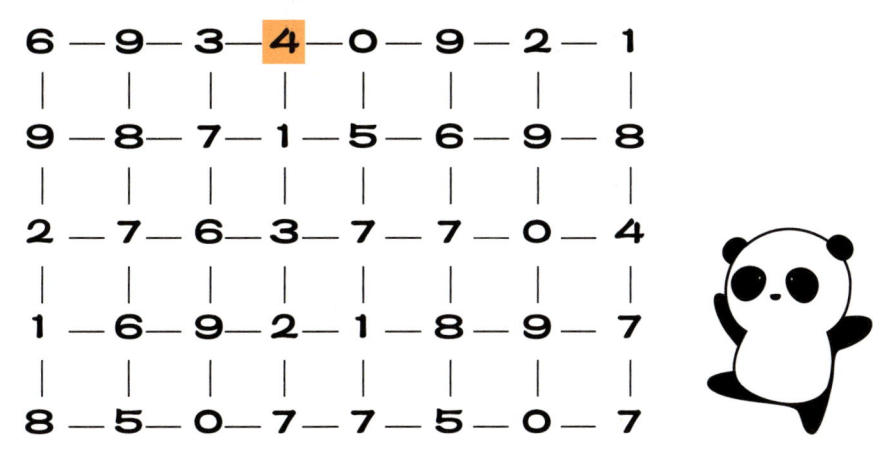

```
6 — 9 — 3 — 4 — 0 — 9 — 2 — 1
|   |   |   |   |   |   |   |
9 — 8 — 7 — 1 — 5 — 6 — 9 — 8
|   |   |   |   |   |   |   |
2 — 7 — 6 — 3 — 7 — 7 — 0 — 4
|   |   |   |   |   |   |   |
1 — 6 — 9 — 2 — 1 — 8 — 9 — 7
|   |   |   |   |   |   |   |
8 — 5 — 0 — 7 — 7 — 5 — 0 — 7
```

55 符号顺序 I

请先记住下面第一行字母和数字的组合，再接着记忆下一行。下面每一行都是字母和数字的组合，你可以进行联想记忆，然后回答问题。

（1）30 B U 2 K
（2）TZ 900 J 8
（3）12 L 131 G 8
（4）M 1000 K N D 3
（5）I O J B 45 R 22
（6）h 35 guwi94 V 6
（7）7 F 3 K 8 N 9 D 1
（8）U 6 N 69 SW 34 25
（9）901 Q F78 H B 82 3
（10）G 8 M 5 B 4 R 3 G 7 A 1

请回忆字母和数字的组合，在下面的空缺处填入缺失的数字或字母。

（1）30 __ U __ __
（2）T__ 9 0 __ 8
（3）__ 2 L __ 3 __ G __
（4）__ 1 0 __ K __ D __
（5）__ O __ B 4 __ R __ 2
（6）h 3__ g__w__9__ V __
（7）7 __ 3 K __ N __ __ 1
（8）__ __ N 6__ S__ 3__ 2__
（9）__ 0 __ Q __ 7 __ H __ 8 __ 3
（10）__ __ M __ B __ R __ __ 7 __ 1

56 约会 I

如今很多人每天都有很多行程安排,如果能依靠自己的记忆力记住相应的时间和事项,那就少了很多不能准时赴约的烦恼。请记住下面的日程,之后完成下方的题目。

> 2019年2月14日 八个行程安排:
>
> ▶ 8时50分：市长会议　　　　▶ 10时40分：去牙医那里美白牙齿
> ▶ 11时55分：看电视新闻报道　▶ 13时30分：拜访客户
> ▶ 15时02分：在14站台乘火车旅行　▶ 18时10分：去克劳迪亚小酒馆
> ▶ 19时15分：进剧院看演出　　▶ 21时45分：在餐厅里用餐

以下是一些根据上方的行程内容给出的提示语,请在每个提示语之后写出你在上面看到的行程时间。

去美白牙齿：___时___分　　　去餐厅：___时___分
参加会议：___时___分　　　　看报道：___时___分
进剧院：___时___分　　　　　14站台：___时___分
去克劳迪亚：___时___分　　　拜访：___时___分

57 计算符号

请记住下面的计算符号以及与之对应的各类标记。

＋	＝	▼	或	✏️
―	＝	◻	或	👉
×	＝	✴	或	●
÷	＝	✌	或	▲

在下面的题目中,运算符号用其他标记代替,请回想下面这些标记各代表哪种运算方式(＋、―、×、÷),然后计算出各个算式的结果。

3 ● 4 ◻ 2 = _____　　　5 ▼ 8 ▲ 4 = _____
8 👉 2 ● 1 = _____　　　9 ✌ 3 ▼ 5 = _____
7 ◻ 6 ✌ 2 = _____　　　6 ✴ 5 ✏️ 8 = _____

58 密码不能忘

生活中有各种密码，而忘记密码已成为一个越来越普遍的问题。我们可以练习记忆密码，进而避免出现意外。请熟记如下五组数字，并且将你对数字的联想与其各自的用途联系起来，然后回答下列问题。

- 信用卡　　　　5 303
- 贷款卡　　　　4 459
- 网上银行　　　0 518
- 股票保险箱　　67 820
- 办公室门牌号　18 543

上面那些数字你记住了吗？请在下面写出上方的各项事物所对应的数字。

股票保险箱 ＿＿＿＿＿　　　网上银行 ＿＿＿＿＿
贷款卡 ＿＿＿＿＿　　　　　信用卡 ＿＿＿＿＿
办公室门牌号 ＿＿＿＿＿

59 数字的"代名词"Ⅱ

请熟记下面每个数字及其对应的汉语词语。

- 34 = 香气
- 88 = 航海
- 80 = 无线电广播
- 96 = 弧线
- 93 = 协会
- 59 = 印度
- 38 = 棍棒
- 37 = 胃
- 67 = 电缆
- 41 = 火箭

请将上方每个数字所对应的汉语词语记在脑中，并且判断哪个汉语词语所代表的数字更大。请在下面相应的圆圈中填入"＜"或"＞"。

胃 ○ 印度　　　电缆 ○ 弧线　　　香气 ○ 胃
航海 ○ 棍棒　　火箭 ○ 无线电广播　无线电广播 ○ 电缆
协会 ○ 火箭　　印度 ○ 航海

60 数字顺序 III

请尽可能快地记住下面的数字。

3▶5▶9▶0▶1▶2▶3▶0▶7▶9▶8▶7▶4▶6▶8▶0

请试着从下面复杂的数字线路图中找到"出口"。你需要从线路图右下方的数字3开始，沿着水平或者垂直的方向，根据上方给出的数字顺序寻找数字，确定这条线路最后会在哪个位置结束。

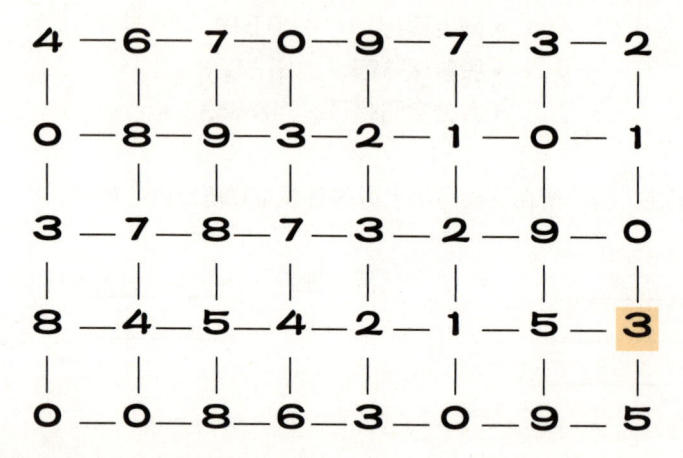

```
4 — 6 — 7 — 0 — 9 — 7 — 3 — 2
|   |   |   |   |   |   |   |
0 — 8 — 9 — 3 — 2 — 1 — 0 — 1
|   |   |   |   |   |   |   |
3 — 7 — 8 — 7 — 3 — 2 — 9 — 0
|   |   |   |   |   |   |   |
8 — 4 — 5 — 4 — 2 — 1 — 5 — 3
|   |   |   |   |   |   |   |
0 — 0 — 8 — 6 — 3 — 0 — 9 — 5
```

61 混乱的数字 I

请花两至四分钟记住下面所有的数字及其位置，可以将除数字以外的其他标志作为备忘记号。

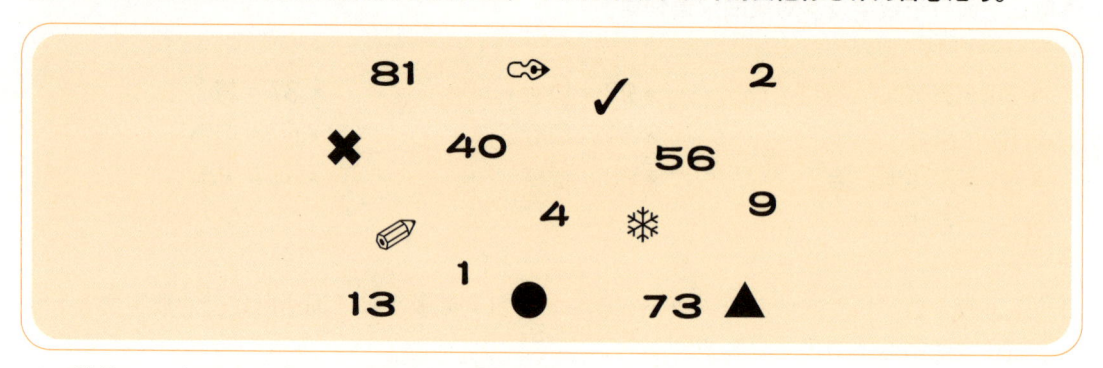

     81 ⌒ ✓   2
  ✗ 40   56
       4 ❄ 9
  ✏ 1
13   ● 73 ▲

下面替换了上方的两个数字，你能找出是哪两个吗？

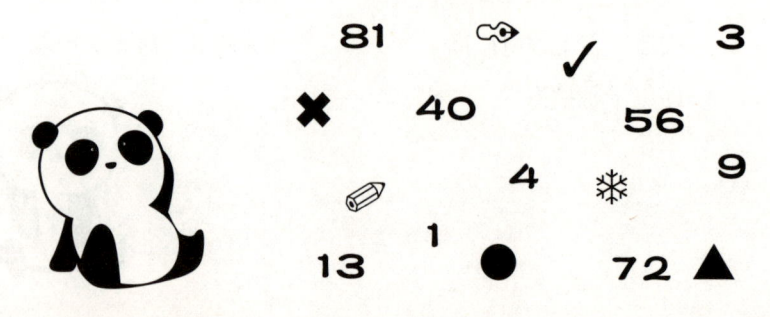

     81 ⌒ ✓   3
  ✗ 40   56
       4 ❄ 9
  ✏ 1
13   ● 72 ▲

62 九宫格

你能用大约两分钟记住下面带有不同背景色的数字吗？请注意，下面每个数字只出现了一次。

	3	4	8
	5	7	1
	9	2	6

请根据对数字图片的记忆回答下列问题。
（1）在九宫格中，数字7的颜色是什么？
（2）九宫格左下角的方格中的数字是什么？
（3）九宫格中的数字1所在方格的背景色是什么颜色？
（4）九宫格中的数字3所在方格的背景色是什么颜色？
（5）哪些数字在九宫格中的白色的方格中？
（6）九宫格中的黑色数字有多少个？
（7）九宫格右下角的方格中的数字是什么？
（8）九宫格中的灰色数字所在的方格有哪几种背景色？

63 数字组合 II

请记住下面这些数字。

35	64	17	46	73	92
60	14	58	65	21	61
50	23	90	32	74	30
25	4	86	17	98	89

下面替换了上方中的三个数字。你能找出是哪几个数字吗？

35	64	42	46	73	92
60	14	58	65	55	61
50	23	90	32	74	30
25	4	13	17	98	89

64 数字记忆 II

请记住下面每个汉字数字。

（1）一万三千四百一十一
（2）十九万零二百一十八
（3）十五万零九百三十六
（4）五十八万两千三百七十七
（5）四十一亿两千零五十八万两千九百八十四
（6）四亿一千二百五十八万两千九百八十四

请将上方的汉字数字用阿拉伯数字的形式写出来。
（1）＿＿＿＿＿＿＿＿＿＿＿＿＿＿＿＿＿＿＿＿＿＿＿＿
（2）＿＿＿＿＿＿＿＿＿＿＿＿＿＿＿＿＿＿＿＿＿＿＿＿
（3）＿＿＿＿＿＿＿＿＿＿＿＿＿＿＿＿＿＿＿＿＿＿＿＿
（4）＿＿＿＿＿＿＿＿＿＿＿＿＿＿＿＿＿＿＿＿＿＿＿＿
（5）＿＿＿＿＿＿＿＿＿＿＿＿＿＿＿＿＿＿＿＿＿＿＿＿
（6）＿＿＿＿＿＿＿＿＿＿＿＿＿＿＿＿＿＿＿＿＿＿＿＿

65 数字的"代名词" III

请用大约两分钟记住下面每个数字及其对应的汉语词语。

- 33 = 肥皂
- 1 = 结婚戒指
- 42 = 剪刀
- 80 = 信件
- 25 = 逗号
- 82 = 啤酒瓶
- 369 = 圆柱体
- 7 = 牛
- 50 = 将军
- 505 = 议会

请将上方每个数字所代表的汉语词语记在脑中，并且判断哪个汉语词语所代表的数字更大。请在下面相应的圆圈右填入"<"或">"。

牛 ○ 将军　　　　剪刀 ○ 肥皂
逗号 ○ 将军　　　结婚戒指 ○ 圆柱体
啤酒瓶 ○ 剪刀　　信件 ○ 结婚戒指
肥皂 ○ 逗号　　　议会 ○ 牛

66　约会 II

下面是一天中的十个行程安排。你能将下面所有的时间记住吗？

2019年12月24日　十个行程安排：

- 5时45分：和马克去慢跑
- 10时30分：会见莱希娜女士
- 14时30分：参加茶话会
- 17时：带劳拉去玛丽家
- 20时15分：为劳拉做电影记录
- 7时：在蒂芙尼餐厅吃早餐
- 12时：在一家意大利餐厅吃午餐
- 16时15分：到学校接劳拉
- 18时15分：与马克在家品尝葡萄酒
- 22时：接劳拉回家

上面的行程时间你记住了吗？下面仅给出了一些提示语，请标记出它们各自对应的行程时间。

蒂芙尼：＿＿时＿＿分　　茶话会：＿＿时＿＿分
慢跑：＿＿时＿＿分　　接孩子：＿＿时＿＿分
品尝葡萄酒：＿＿时＿＿分　　和莱希娜女士约会：＿＿时＿＿分
电影：＿＿时＿＿分　　意大利：＿＿时＿＿分
去玛丽家：＿＿时＿＿分

67　数字运算 II

请记住下面四个数字及其前面的计算符号，以及它们各自对应的字母。

+23 ▶ T　　−7 ▶ G
×4 ▶ L　　÷3 ▶ S

请用与字母对应的数字及其前面的计算符号替换下面的字母，然后计算出结果。

13 G S =

5 L G =

15 S T G =

68 颜色不同的数字 I

你能在两分钟之内记住下面这些数字及其颜色，以及数字所在的背景的颜色吗？

4	6	5	10
9	11	7	1
12	2	3	8

请根据你所记住的数字回答下列问题。
（1）在图片中，所有黄色的偶数数字的总和是多少？
（2）在图片中，白色背景上的奇数数字之和为多少？
（3）请算出图片中所有不是白色的数字的总和。
（4）请算出图片中的灰色背景上非黑色数字的总和。

69 数字记忆 III

请记住下面每个汉字数字，然后完成下列题目。

（1）一万一千二百四十一
（2）七万三千二百四十四
（3）十二万零一百九十六
（4）九十二万七千四百八十二
（5）一千三百三十六万两千四百一十六
（6）一百零八亿四千四百五十九万九千三百

请将上方的汉字数字用阿拉伯数字的形式写出来。
（1）_____
（2）_____
（3）_____
（4）_____
（5）_____
（6）_____

70　数字顺序 IV

请记住下面列出的很长的数字及其排列顺序。你需要用足够的时间在脑海中尽可能找出与下面这些数字相对应的备忘记号。

3 ▸ 1 ▸ 1 ▸ 0 ▸ 4 ▸ 5 ▸ 6 ▸ 4 ▸ 9 ▸ 8 ▸
6 ▸ 7 ▸ 5 ▸ 5 ▸ 0 ▸ 2 ▸ 2 ▸ 7 ▸ 6 ▸ 1

请在下面曲折复杂的数字线路图中寻找"出口"。你需要从最下面一行数字中的数字3开始，沿着水平或者垂直的方向，根据上方给出的数字的排列顺序，判断出数字线路最后会在哪个位置结束。

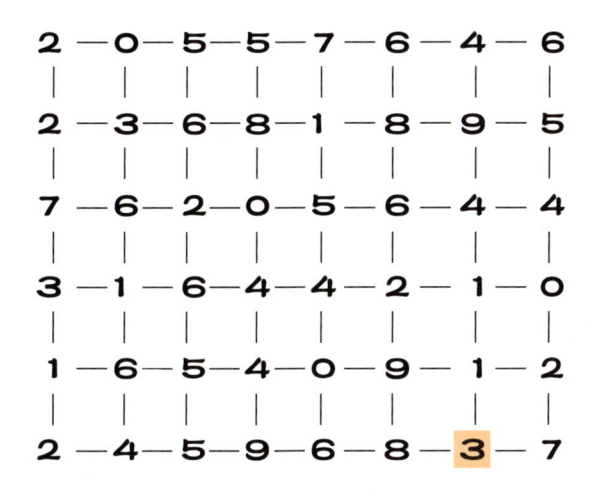

```
2 — 0 — 5 — 5 — 7 — 6 — 4 — 6
|   |   |   |   |   |   |   |
2 — 3 — 6 — 8 — 1 — 8 — 9 — 5
|   |   |   |   |   |   |   |
7 — 6 — 2 — 0 — 5 — 6 — 4 — 4
|   |   |   |   |   |   |   |
3 — 1 — 6 — 4 — 4 — 2 — 1 — 0
|   |   |   |   |   |   |   |
1 — 6 — 5 — 4 — 0 — 9 — 1 — 2
|   |   |   |   |   |   |   |
2 — 4 — 5 — 9 — 6 — 8 — 3 — 7
```

71　符号顺序 II

请记住下面每一行数字和字母的组合。

（1）111 U J 8　　　　　　（2）64 F 28 G 6
（3）7 RT 49 MM 3　　　　（4）U 7390 H 41
（5）J 6 M 6 56 G 1　　　　（6）P 9 VB 638 H 78
（7）B 9 N 8 M 7 G 3 G　　（8）68 K 19 L 64 E 122
（9）Y 73 NX 394 M 57 Z　（10）7 TZ 2938 D 237 K 43

请根据你所记住的数字和字母的组合，在下面的空缺处填入缺失的数字或字母。

（1）__ 11 __ J __　　　　　（2）6 __ F __ 8 __ 6
（3）7 __ T __ 9 __ M __　　（4）__ 7 __ 90 H __ 1
（5）J __ M __ __ 6 __ 1　　（6）P __ V __ 6 __ 8 __ 7 __
（7）B __ N __ M __ G 3 __　（8）__ 8 __ 1 __ L __ 4 __ 1 __ 2
（9）Y __ 3 __ X __ 9 __ M __ 7 __　（10）__ T __ 2 __ 3 __ D __ 3 __ K __ 3

72 数字组合 Ⅲ

请记住下面这些数字。

665	151	773	900	225	664
575	181	229	282	330	484
585	626	888	797	110	505

下面替换了数字组合中的三个数字。你能找出被替换的是哪几个数字吗？

665	252	773	900	225	664
575	181	229	282	330	484
686	626	888	979	110	505

73 数字的"代名词" Ⅳ

请用约两分钟记住下面这些数字及其各自对应的词。

- 5=斑马
- 9=力量
- 2002=梨
- 99=权力
- 88=牙膏
- 200=草场
- 81=气候
- 12=顾客
- 159=赤道
- 256=工作

请将每个数字所代表的汉语词语记在脑中，并且判断哪个汉语词语所代表的数字更大。请在下面相应的圆圈中填入"<"或">"。

力量 ○ 顾客　　斑马 ○ 工作　　气候 ○ 梨

顾客 ○ 权力　　草场 ○ 气候　　工作 ○ 牙膏

草场 ○ 力量　　梨 ○ 赤道

74 混乱的数字 II

请熟记下面数字的排列顺序，并记住数字的数值及其位置。

```
         ✔   27        63
                  49
              38        ✵
         ❖       ✳
                      3 ✱
         65  ☙  42
              53   ❄   14
```

在下图中，哪两个数字被替换了？

```
         ✔   27        63
                  94
              38   ✳    ✵
         ❖
                      3 ✱
         56  ☙  42
              53   ❄   14
```

75 五列数字

请准确地记住下面这张图中的数字及其颜色，还要记住数字所在的背景的颜色。

6	1	4	8	4
7	4	2	5	9
2	3	5	7	1

请根据你所记住的上图中的信息回答下列问题。
（1）在上图中，大部分数字是什么颜色的？
（2）在上图中，白色背景内的灰色数字的总和是多少？
（3）在上图中，最上面一行中的黄色数字的总和是多少？
（4）在上图中，哪一列数字的总和最大？
（5）在上图中，非白色背景内的所有黑色数字之和是多少？
（6）在上图中，所有奇数之和是多少？

76 数字记忆 IV

请记住下面每个汉字数字。

（1）六万三千六百一十六
（2）九万两千四百二十
（3）三十六万两千二百二十四
（4）三百零二万五千三百六十六
（5）五十二万七千八百九十二
（6）一亿两千一百六十七万八千四百三十三
（7）二十一亿一千三百万一千零六十一

请将上方的汉字数字用阿拉伯数字的形式写出来。

（1）_____ （2）_____
（3）_____ （4）_____
（5）_____ （6）_____
（7）_____

77 约会 III

请记住下面各个行程安排时间，然后回答问题。

2019年12月6日 十个行程安排：

▶ 8时30分：会议1，在102室举行   ▶ 11时：给翻译公司回电话
▶ 11时15分：约见郝斯女士   ▶ 12时：与罗斯先生吃午饭
▶ 14时20分：在建筑工地约见林茨   ▶ 15时50分：和莫尔泽女士通话
▶ 16时：会议2，在106室举行   ▶ 17时45分：上课
▶ 19时：开车去比约恩   ▶ 20时：去电影院

下面仅列出了各个行程安排的提示语，请写出它们各自对应的时间。

电影院：__时__分   会议1：__时__分
会议2：__时__分   罗斯先生：__时__分
莫尔泽女士：__时__分   翻译公司：__时__分
上课：__时__分   比约恩：__时__分
郝斯女士：__时__分   建筑工地：__时__分

78 数字运算Ⅲ

请记住下面六个数字及其前面的计算符号，以及它们各自对应的字母。

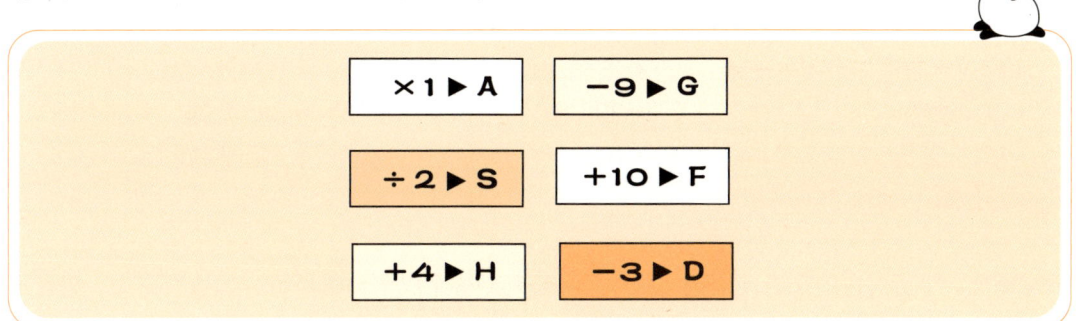

	×1▶A	−9▶G
	÷2▶S	+10▶F
	+4▶H	−3▶D

请用与字母对应的数字及其前面的计算符号替换下面的字母，然后计算出结果。

5 F H =　　　　　　31 A G =　　　　　　15 G F =

8 S D =　　　　　　6 D F =　　　　　　12 H S =

79 算式

请记住下面五道计算题的完整算式。

$$6+5+2-1=$$
$$2+7-4+3=$$
$$3+8+2-7=$$
$$5+4-7+6=$$
$$9-1+5-3=$$

请根据你所记住的计算题的算式，填出下面的横线上空缺的数字。

6+___ + 2 −___ =12　　　　　___ + 7 −___ + 3 =8

3+___ +___ − 7 =6　　　　　___ +___ − 7 +___ =8

9−___ +___ −___ =10

80 数字的"代名词"V

请花约两分钟记住下面的数字及其对应的汉语词语。

- 1000=花园
- 48=歌剧
- 842=屋顶
- 28=风
- 16=琴键
- 83=书
- 19=分钟
- 62=放大镜
- 65=电脑
- 79=急救医师

请将每个数字所对应的汉语词语记在脑中,并且判断哪个汉语词语所代表的数字更大。请在下面相应的圆圈中填入"<"或">"。

电脑 ○ 琴键　　　书 ○ 风　　　琴键 ○ 屋顶
急救医师 ○ 放大镜　　歌剧 ○ 分钟　　风 ○ 电脑
花园 ○ 放大镜　　屋顶 ○ 急救医师
分钟 ○ 书

81 三道计算题

不要计算出下面计算题的结果,而是将每道题的算式记熟。请在两分钟内完成记忆。

$$21 \times 3 - 47 =$$

$$65 \div 5 + 18 =$$

$$44 - 11 + 209 =$$

请根据你所记住的算式,在下面的横线上填上空缺的数字。

____ × 3 − ____ = 16
____ ÷ 5 + ____ = 31
44 − ____ + ____ = 242

82 数字组合Ⅳ

请记住下面这些数字。

16	6	53	85	5	93
44	56	79	94	27	15
27	66	25	1	36	2

下面的数字组合中替换了上方的三个数字。你能找出是哪三个数字吗？

16	6	53	85	5	93
15	56	79	14	27	15
27	66	25	1	36	25

83 符号顺序Ⅲ

请记住下面每一行数字和字母的组合。下面每行中的数字和字母是混在一起排列的，你需要充分运用想象力来寻找数字与字母之间的联系，以帮助记忆。

（1）s8 m36 D
（2）G7 28 3 J 1
（3）181 N 84 M 3
（4）J 78 N 43 V 19
（5）74 H 69 ff 59 d 3
（6）2 Ju 78 T 73 a56 9
（7）8 U 9 k 367 H 32 M
（8）P 99 L 82 N 25 b 281
（9）82 H 378 U 71 J 36 H 82
（10）f9 r2A K26e nf9 y a33i

请根据你所记住的数字和字母的顺序，在下面的横线上填入缺失的数字或者字母。

（1）s＿m＿6＿
（2）G＿2＿＿J 1
（3）1＿1＿8＿M＿
（4）J＿8＿4＿V＿9
（5）＿4＿6＿f＿5＿d＿
（6）2＿u＿8＿7＿a＿6＿
（7）＿U＿k＿6＿H＿2＿
（8）P＿9＿8＿N＿5＿2＿1
（9）＿2＿3＿8＿7＿J＿6＿8
（10）f＿r＿A＿＿6e n＿9＿a3＿i

84 约会 IV

请准确地记住下面这张行程安排表。

> 2019年11月11日　十个行程安排：
>
> - 8时：理发
> - 10时20分：约见摄影师
> - 13时25分：用花束装点酒店
> - 15时：去圣马丁教堂
> - 18时：与新娘跳华尔兹
> - 9时15分：取汽车配饰
> - 12时30分：去火车站接父母
> - 14时10分：办理户籍登记
> - 16时15分：订结婚蛋糕
> - 20时38分：与新娘回家

下面仅列出了各个行程安排的提示语。请在每个提示语后面填写相应的行程时间。

结婚蛋糕：__时__分　　　汽车配饰：__时__分
理发：__时__分　　　　摄影师：__时__分
回家：__时__分　　　　父母：__时__分
户籍登记：__时__分　　教堂：__时__分
跳华尔兹：__时__分　　花束：__时__分

85 颜色不同的数字 II

请记住下面这些数字的排列顺序及其颜色，还有它们所在的背景的颜色。

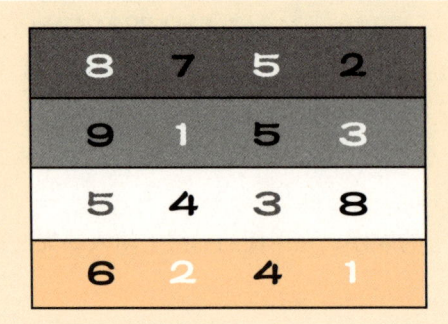

8	7	5	2
9	1	5	3
5	4	3	8
6	2	4	1

请挡住题目，根据你记住的数字回答下面的问题。
（1）在上图中，哪一行中的黑色数字的总和最大？
（2）在上图中，哪一行中的奇数最多？这些奇数的总和是多少？
（3）请将上图中的所有黑色偶数相加，和是多少？
（4）请算出上图中最下面两行中的所有黑色数字之和。
（5）请算出上图中最上面两行中的所有白色数字之和。

86 数字记忆 V

请记住下面每个汉字数字。

> （1）一万两千七百六十七
> （2）四万八千三百一十九
> （3）二十九万八千五百八十七
> （4）一百一十六万两千四百零八
> （5）三亿两千八百万九千六百一十
> （6）一千四百亿一千二百零六万零一百
> （7）一千八百三十一亿五千三百三十二万两千零七十四

请将上方汉字数字用阿拉伯数字的形式写出来。
（1）_____
（2）_____
（3）_____
（4）_____
（5）_____
（6）_____
（7）_____

87 数字运算 Ⅳ

请记住下面几个数字及其前面的计算符号，以及它们各自对应的字母。

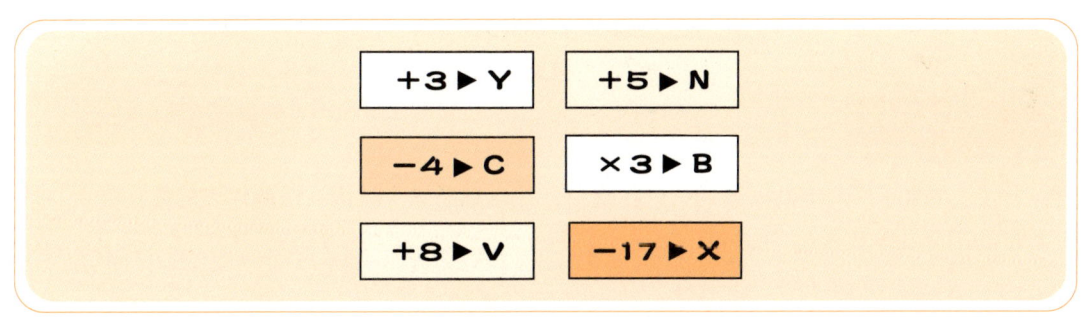

+3 ▶ Y　　+5 ▶ N
−4 ▶ C　　×3 ▶ B
+8 ▶ V　　−17 ▶ X

请用与字母相对应的数字及其前面的计算符号替换下面的字母，然后计算出结果。

3 B Y =　　　　7 N V =　　　　25 V X =
37 Y C =　　　　8 B X V =　　　41 C X N Y =

88 数字顺序 V

请尽可能快地记住下面的一行数字及数字的顺序，然后完成后续题目。

$$\boxed{1} \to \boxed{6} \to \boxed{3} \to \boxed{1} \to \boxed{6} \to \boxed{2} \to \boxed{4} \to \boxed{9}$$

请试着从下面的数字线路图中找到"出口"。你需要从左上角的数字1开始，沿着水平或者垂直的方向，根据上面给出的数字顺序，判断这条线路最后会在哪个位置结束。

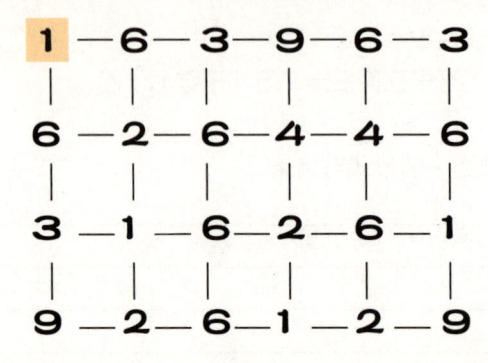

```
1 — 6 — 3 — 9 — 6 — 3
|   |   |   |   |   |
6 — 2 — 6 — 4 — 4 — 6
|   |   |   |   |   |
3 — 1 — 6 — 2 — 6 — 1
|   |   |   |   |   |
9 — 2 — 6 — 1 — 2 — 9
```

89 数字的"代名词" VI

请用约两分钟记忆下面每个数字及其对应的汉语词语。

- 16 = 十字
- 28 = 鹿
- 50 = 海岸
- 62 = 飞机驾驶员
- 90 = 金刚石

- 19 = 道路
- 30 = 吐司面包
- 59 = 印第安人
- 73 = 猿猴
- 95 = 火

- 22 = 地球
- 44 = 山羊
- 61 = 飓风
- 88 = 丝绸

请将上方每个数字所对应的汉语词语记在脑中，并且判断哪个汉语词语所代表的数字更大。请在下面相应的圆圈中填入"<"或">"。

山羊 ○ 猿猴	火 ○ 鹿	飓风 ○ 飞机驾驶员
吐司面包 ○ 十字	飞机驾驶员 ○ 海岸	地球 ○ 印第安人
十字 ○ 金刚石	印第安人 ○ 道路	吐司面包 ○ 丝绸

90 数字记忆 VI

请记住下面每个汉字数字。

（1）七万四千五百七十九
（2）两万一千六百二十九
（3）九十九万三千五百五十四
（4）一千一百零五万四千八百六十八
（5）五十三万六千六百二十一
（6）八十三亿七百八十四万五千四百六十二
（7）四万三千四百五十亿两千零一万

请将上方汉字数字用阿拉伯数字的形式写出来。
（1）_____
（2）_____
（3）_____
（4）_____
（5）_____
（6）_____
（7）_____

91 数字组合 V

请记住下面这些数字。

628	154	992	77	357	951
456	852	753	262	147	747
292	321	598	487	265	365

下面替换了上方数字组合中的三个数字。你能找出是哪三个数字吗？

486	154	992	852	357	951
456	852	753	262	147	747
292	568	598	487	265	365

第3章

按分类法记忆

92 被"除名"的行星

请尽可能仔细地阅读下文,并牢记细节。

> 冥王星已经从行星中"除名"了。在长达76年的探索之后,2006年8月24日,国际天文学联盟(IAU)对"行星"下了新定义。冥王星的体积比地球小,它围绕太阳形成了一个椭圆形的轨道。它是以罗马神话中"冥王"的名字"普卢托(Pluto)"命名的。

请根据记忆,回答下面的问题。
(1)冥王星是哪一年从行星中"除名"的?
(2)IAU的中文全称是什么?
(3)目前在太阳系中还剩下几个被公认的行星?
(4)冥王星是以谁的名字命名的?

93 五个"小矮人"

请尽可能仔细地阅读下文,并牢记细节。

> 1963年4月1日,五个"小矮人"的黑白动画角色在德国电视二台亮相。这些有趣的动画角色的创意来自身为设计师和编辑的沃尔夫·格拉赫。4年后,"贪吃的安东""勤奋的巴蒂""文艺的康尼""调皮的艾迪"和"运动的弗里茨"这些生动的动画角色拥有了色彩。1967年8月25日,德国电视一台和二台在西柏林国际展览会上将带有上述彩色动画角色的动画片进行了全德范围内的首播。

请根据记忆,回答下面的问题。

(1)"小矮人"的黑白动画角色第一次亮相是在什么时间?
(2)"小矮人"的黑白动画角色的"创意之父"叫什么名字?
(3)五个"小矮人"的动画角色分别叫什么名字?
(4)彩色的"小矮人"动画角色是什么时候出现的?
(5)"小矮人"的动画在黑白电视上播了多久?

94 亚速尔群岛

请尽可能仔细地阅读下文，并牢记细节。

> 据报道，亚速尔群岛的部分岛屿在11月份平均气温为19摄氏度。大西洋周围岛屿上的气温在这一时间段内几乎都保持这个温度。在亚速尔群岛的9座岛屿中最大的圣米格尔岛上，许多植物生长旺盛。这个属于葡萄牙的群岛在自然爱好者中享有很高的声誉，他们中的许多人在那里找到了自身的价值。

请根据记忆，回答下面的问题。

（1）亚速尔群岛在哪里？
（2）亚速尔群岛一共有多少个岛屿？
（3）亚速尔群岛中最大的岛屿叫什么名字？
（4）亚速尔群岛中的部分岛屿在11月的平均气温为多少摄氏度？
（5）亚速尔群岛深受哪些人喜爱？

95 莫扎特的诞辰纪念日

请尽可能仔细地阅读下文，并牢记细节。

> 2006年对于整个古典音乐界来说是"莫扎特年"。为了纪念奥地利作曲家沃尔夫冈·阿玛多伊斯·莫扎特250周年的诞辰，人们举办了很多活动。人们几乎不会对莫扎特创作的那些旋律感到厌烦。这位《G大调弦乐小夜曲》（也被称为《一首小夜曲》，作品编号为K.525）的作者去世的时候仅35岁，而他的遗孀康斯坦泽在他死后的第17年才首次去拜访了他的墓地。

请根据记忆，回答下面的问题。

（1）莫扎特是哪一年去世的？
（2）莫扎特的遗孀叫什么名字？
（3）《G大调弦乐小夜曲》的另一个名称是什么？
（4）莫扎特的遗孀首次拜访莫扎特的墓地是在哪一年？
（5）《G大调弦乐小夜曲》的作品编号是什么？

96 登顶珠峰

请尽可能仔细地阅读下文，并牢记细节。

> 1960年5月25日，中国登山队队员王富洲、屈银华、贡布成功从北坡登顶世界最高峰珠穆朗玛峰（下称珠峰），开创了人类首次从北坡登顶珠峰的历史。1975年5月27日，中国登山队8名男队员和1名女队员潘多成功登顶珠峰。潘多成为世界上第一位从北坡登顶珠峰的女性。2008年5月8日，北京奥运会圣火登顶珠峰，实现了奥运火炬在世界最高峰的传递，这一壮举深刻诠释了奥林匹克运动"更快、更高、更强"的目标和"和平、友谊、进步"的宗旨。

请根据记忆，回答下面的问题。

（1）哪一年人类首次从珠穆朗玛峰北坡登顶？
（2）1975年5月27日，中国登山队共有几名队员成功登顶珠穆朗玛峰？
（3）第一位从珠穆朗玛峰北坡登顶的女性叫什么名字？
（4）哪一年奥运火炬实现了在世界最高峰的传递？

97 和弦

请尽可能仔细地阅读下文，并牢记细节。

> 和弦通常是由三个或以上的音按三度或非三度的叠置关系，在纵向上加以结合而成。若三个音按三度关系叠置，即构成"三和弦"。三和弦由一个根音、三音（这是指根音上的三度音）和五音（指根音上的五度音，在三和弦的原始排列中处于最高位置）构成。三和弦中有小三和弦，也有大三和弦。

请根据记忆，回答下面的问题。

（1）三和弦由什么构成？
（2）在三和弦的原始排列中，处于最高位置的音是哪一个？
（3）三和弦包括哪些种类？
（4）什么是三音？

98 消化系统

请尽可能仔细地阅读下文,并牢记细节。

> 人体的消化系统由口腔、咽、食管、胃、小肠、大肠和消化腺等组成。肠道是人体的消化系统中重要的组成部分。正常情况下,每个成人的肠道长度为6~8米,表面积为400~500平方米。人体结肠的排列像英文字母M。

请根据记忆,回答下面的问题。

(1)一个成人的肠道的表面积一般为多少平方米?
(2)人体的消化系统由哪些部分组成?
(3)一个成人体内的肠道中哪个部分的排列像英文字母M?
(4)一个成人体内的肠道平均有多长?

99 德国的最快速度

请尽可能仔细地阅读下文,并牢记细节。

> "世界纪录会被打破,但奥运冠军是永恒的。"阿明·哈利曾经这样说。而他打破世界纪录的惊人之举似乎并不比他第一次获得100米跑步比赛的金牌更重要。阿明·哈利在1960年成为第一个在正式比赛中以约10秒跑完100米的人,他也是迄今唯一一个在奥运会上赢得了100米短跑比赛冠军的德国人。2007年,这位70岁的体育界传奇人士开始挖掘年轻的体育人才。

请根据记忆,回答下面的问题。

(1)阿明·哈利在体育方面取得了哪两项成功?
(2)哈利于哪一年出生?
(3)哈利从2007年起开始做了什么?
(4)哈利以约10秒跑完100米是在哪一年?
(5)哈利是哪国人?

100　错误的预言

请尽可能仔细地阅读下文,并牢记细节。

> "我相信马。我认为汽车不过是短暂的现象。"威廉二世(1859年出生于柏林,1941年死于荷兰)曾经这样说过。他曾是德意志帝国与普鲁士王国的君王。1886年,卡尔·本茨在汽车制造上取得了重大突破。而现在的汽车工程师们把注意力放在这三点上:汽车如何与环境和谐共处、汽车的安全性和与汽车有关的电子信息技术。

请根据记忆,回答下面的问题。

(1)威廉二世生于何时何地?
(2)卡尔·本茨何时取得了汽车制造的突破?
(3)现在的汽车工程师们尤为注意哪三点?
(4)威廉二世曾经是哪里的君王?

101　当个果农不简单

请尽可能仔细地阅读下文,并牢记细节。

> 葡萄酒的生产过程简单:首先,葡萄会在压榨机中被压碎,溢出的果汁会与在果浆上繁殖的酵母菌发生反应。接下来,酵母菌(酿酒酵母)消耗葡萄中的糖分,通过酒精的发酵,将糖分转化为酒精和二氧化碳。而果农的任务是保证葡萄在发酵的过程中产生正确的化合物,同时阻止错误的反应发生。在朗根罗伊斯(位于奥地利瓦豪)可以见识葡萄酒的生产过程。

请根据记忆,回答下面的问题。

(1)在葡萄酒的生产过程中,酵母菌发酵后的产物是什么?
(2)果农在葡萄酒的生产过程中需要注意什么?
(3)人们在哪里可以见识葡萄酒生产过程?
(4)在葡萄酒生产过程中产生的酵母菌又被称为什么?
(5)酵母菌在葡萄酒生产过程中会消耗什么?

102 西班牙艺术家的心

请尽可能仔细地阅读下文，并牢记细节。

> 琼安·米罗，这位1893年出生于巴塞罗那的西班牙画家、版画家及雕塑家，他的父亲曾经是一名金匠。他的父亲希望他过上中产阶级的生活，于是他开始参加商业培训。当父亲劝说米罗最好放弃艺术时，米罗几乎要崩溃。米罗于1983年12月25日在马略卡岛去世。

请根据记忆，回答下面的问题。

（1）米罗的寿命有多长？
（2）米罗的父亲曾经从事什么职业？
（3）米罗是在哪里去世的？
（4）米罗参加的是什么培训？
（5）米罗是在哪里出生的？

103 它并不简单

请尽可能仔细地阅读下文，并牢记细节。

> 一个物体被扔向空中之后会受到两种力的作用：空气阻力及一种让物体向下的力。这一条物体间相互作用的定律被艾萨克·牛顿（1643—1727）命名为"万有引力"。牛顿曾阐释宇宙中的天体为什么可以沿着各自的轨道运行，并且撰写了关于万有引力的著作。事实上，时至今日，很少人能准确地解释清楚什么是万有引力。

请根据记忆，回答下面的问题。

（1）一个物体被扔到空中后，会受到哪两种力的作用？
（2）牛顿曾经阐释了什么问题？
（3）牛顿在世的时间是多少年？
（4）哪种定律至今仍很少有人能准确地解释清楚？

104 一个极小但虔诚的国家

请尽可能仔细地阅读下文，并牢记细节。

> 梵蒂冈是意大利首都罗马境内的一个城邦国家。它拥有0.44平方千米的国土和700多个公民。梵蒂冈的政体是政教合一的。教皇作为国家元首行使职权。从2005年4月19日起至2013年2月28日为止的教皇为本笃十六世。教皇本笃十六世（俗名约瑟夫·阿来士·拉辛格）是德国人。

请根据记忆，回答下面的问题。

（1）梵蒂冈的政体是什么？
（2）梵蒂冈的元首是谁？
（3）教皇本笃十六世是什么时候开始行使职权的？
（4）梵蒂冈有多少公民？
（5）教皇本笃十六世的俗名叫什么？

105 传奇人物

请尽可能仔细地阅读下文，并牢记细节。

> 卡洛·杰苏阿尔多是一个传奇人物。他于1566年出生于意大利，是一位侯爵的儿子。他接受了音乐方面的培训，并于1586年成为韦诺萨亲王。从那以后，他自称唐·卡洛·杰苏阿尔多。杰苏阿尔多被视为音乐史上引人注目的创作者之一。他创作了对未来世界有深刻认识的艺术作品，后又被指控犯下了谋杀案。由于受抑郁症的折磨，杰苏阿尔多于1613年去世。

请根据记忆，回答下面的问题。

（1）杰苏阿尔多的全名叫什么？
（2）杰苏阿尔多在多少岁时成为韦诺萨亲王？
（3）什么使杰苏阿尔多成为音乐史上引人注目的创作者之一？
（4）杰苏阿尔多是受哪种疾病的折磨而逝世的？
（5）杰苏阿尔多由于哪种罪行而受到指控？

106 需求是"创造之母"

请尽可能仔细地阅读下文,并牢记细节。

> 为了使自己的藏匿处不被暴露,马隆人研制出肉干。马隆人曾是牙买加的奴隶,他们在山林中过着群居生活。西班牙语中称其为"马隆",也就是"野人"的意思。在制作肉干时,腌肉要被埋在地下的坑中,这样腌肉可以从林地获得一种特有的香气。如今在许多地方都能见到来自牙买加的猪肉干、鸡肉干和鱼干。

请根据记忆,回答下面的问题。

(1)牙买加曾经的奴隶叫作什么人?
(2)他们是如何制作肉干的?
(3)如今牙买加的肉干有哪些种类?
(4)在制作肉干前,他们是如何处理肉的?

107 华特·迪士尼

请尽可能仔细地阅读下文,并牢记细节。

> 1901年12月5日,一个男婴在美国芝加哥诞生了,他就是"美国梦想家"、20世纪最有影响力的人物之一——华特·埃利亚斯·迪士尼。他的一生是"美国梦"的典型:他在贫穷的家庭中长大(他的父亲是一个无名的农庄主),但他通过自己创造的卡通人物赢得了极高的声誉。"米奇"的形象出现在动画电影《威利号汽船》中,并使迪士尼大获成功——这部动画电影于1928年11月18日在美国纽约首次上映。迪士尼于1966年逝世,但是"高飞""米奇""唐老鸭"等卡通形象一直流传至今。

请根据记忆,回答下面的问题。

(1)在华特·迪士尼多少岁时,他创作的一部动画电影大获成功?
(2)迪士尼全名中的中间名叫什么?
(3)迪士尼在哪个城市出生?
(4)使迪士尼获得成功的动画电影的名字叫什么?
(5)迪士尼的父亲从事的是什么职业?
(6)迪士尼是哪一年逝世的?

108 童话故事收集者

请尽可能仔细地阅读下文，并牢记细节。

> 最初格林兄弟——雅各布·格林和威廉·格林是童话的收集者，但是这对在哈瑙出生的兄弟所取得的成就还有很多。除了童话收集者，他们还是语言学家及文学家，而且享有"德国语言学之父"，或者更确切地说是"日耳曼语言文学之父"的称号。《格林童话》由格林兄弟收集，多罗特娅·维曼对该书中的语言进行了修改，她也对童话的讲述方式及童话中的艺术形象等进行了修改。多罗特娅·维曼是一位法国胡格诺派教徒的后裔。

请根据记忆，回答下面的问题。

（1）格林兄弟的名字分别叫什么？
（2）《格林童话》的语言修改者是哪派教徒的后裔？
（3）格林兄弟有哪些称号？
（4）格林兄弟是在哪里出生的？

109 有关宝石的知识

请尽可能仔细地阅读下文，并牢记细节。

> 能被称为"宝石"的矿石非常少，因此非常珍贵。大多数宝石会被打磨成水晶玻璃器皿的形状。金刚石经过相应的打磨后被称为"钻石"。此外，人们将已打磨过的宝石称为"珠宝"。打磨加强了宝石的光反射率及亮度。还有一种加工方式会对宝石的颜色产生影响。例如，一块经过燃烧（热处理）的紫水晶，它的颜色会由紫色变为黄色。

请根据记忆，回答下面的问题。

（1）宝石有哪几种加工方式？
（2）人们将已打磨过的宝石称为什么？
（3）人们是怎样称呼已打磨过的金刚石的？
（4）一般宝石会被打磨成什么样的形状？
（5）紫水晶经过热处理后会呈现什么样的颜色？

110 心脏移植

请尽可能仔细地阅读下文，并牢记细节。

> 以南非的心脏外科医生克里斯蒂安·巴纳德（1922—2001）为首的心脏移植小组在1967年12月4日进行了人类历史上首次人体心脏的移植手术。手术持续了5小时，他们为路易·瓦什肯斯克移植了一颗新的心脏。这是人类历史上第一次取得成功的心脏移植手术。瓦什肯斯克在手术后存活了下来，但之后他染上了肺炎，并在18天后病逝。1968年1月2日，另一位植入新心脏的病人痊愈了。那位叫菲利普·布莱伯格的牙医在拥有了新的心脏后存活了18个月。

请根据记忆，回答下面的问题。

（1）在进行人类历史上首次人体心脏移植时，巴纳德多少岁？
（2）人类历史上第二位植入新心脏的患者从事的职业是什么？
（3）哪种疾病导致了路易·瓦什肯斯克的死亡？
（4）人类历史上第一次人体心脏移植手术持续了多久？

111 一位伟大的作曲家

请尽可能仔细地阅读下文，并牢记细节。

> 意大利电影配乐大师埃尼欧·莫里科内将音乐加入了赛尔乔·莱昂内的电影。莫里科内将极具感染力的口琴主旋律作为西部片《西部往事》的开场曲，获得了"不朽的音乐家"的美誉。他于1928年11月10日在意大利罗马特哈斯台伯河区出生，是20世纪最多产、最成功的电影音乐作曲家之一。他为500多部电影的配乐作出过贡献。

请根据记忆，回答下面的问题。

（1）埃尼欧·莫里科内曾为哪位导演的电影制作了配乐？
（2）莫里科内的出生地在哪里？
（3）莫里科内70岁的生日是在什么时候？
（4）《西部往事》的开场曲是用哪种乐器演奏的？
（5）莫里科内为多少部电影的配乐作出过贡献？

112　电影镜头

请尽可能仔细地阅读下文，并牢记细节。

> 　　在电影中有许多"镜头范围"，它们对于电影的画面效果非常重要。其中有四种"镜头范围"是最为重要的：全景镜头展示的是对电影情节中的地点和事件的整体描述；半全景镜头展示的则是电影中相关的人物，其重点在展示人物的活动上；近景或者大全景镜头是通过对拍摄过程中人物的面部表情的捕捉来表现人物的心理活动；细节镜头则着重展示电影中的细节。

请根据记忆，回答下面的问题。

（1）电影中的半全景镜头展示的是什么？
（2）电影中哪种镜头展示电影中人物的心理活动的效果最佳？
（3）电影中哪种镜头着重展示电影中的细节？
（4）文中一共提到了几种电影中的镜头？

113　皮皮的"灵魂之母"

请尽可能仔细地阅读下文，并牢记细节。

> 　　当代知名的儿童读物女作家之一是阿斯特丽德·林格伦（她于2002年去世）。1907年11月14日，她出生于瑞典斯莫兰省的小镇维默比。
> 　　林格伦的作品描绘了无忧无虑的童年场景，就如同是对她自己童年的再现。从照片上看，很难相信当时那个一脸严肃的17岁姑娘将来会是《长袜子皮皮》的作者。有人认为仅凭借这部作品她就应该获得诺贝尔文学奖，但她从来没有获得这项殊荣。

请根据记忆，回答下面的问题。

（1）阿斯特丽德·林格伦的百年诞辰在什么时候？
（2）林格伦出生在哪个国家？
（3）林格伦的出生日期是什么时候？
（4）林格伦的童年是否美好？
（5）照片上的林格伦当时多少岁？

114 歌唱的"蘑菇头"

请尽可能仔细地阅读下文,并牢记细节。

> 1964年,人们把甲壳虫乐队的歌曲——《我想牵起你的手》(I Wanna Hold Your Hand)当作一首神圣的歌曲来演唱。甲壳虫乐队凭借这首歌占据了那一年3~4月德国流行歌曲排行榜的第一位。也许这样的情形出现的原因之一是这首歌有一个德语版本——《把你的手交给我》。甲壳虫乐队的另一首用德语演唱的歌曲是《她爱你》。这两首歌都是在法国巴黎的一家录音工作室录制的。

请根据记忆,回答下面的问题。

(1)甲壳虫乐队演唱的歌曲——《我想牵起你的手》的德语版叫什么名字?
(2)甲壳虫乐队的另一首德语版歌曲的名字叫什么?
(3)录制上述两首歌的工作室在哪里?
(4)《我想牵起你的手》是何时占据德国流行歌曲排行榜第一位的?

115 独立成就

请尽可能仔细地阅读下文,并牢记细节。

> 1964年4月,39岁的美国人杰拉尔丁·莫克成为第一位完成环球飞行的女性。这位出生于美国俄亥俄州纽瓦克的女飞行员,驾驶着名为"哥伦布精神"的赛斯纳180式飞机完成了这一壮举。这次飞行持续了29天11小时59分。1964年4月17日,飞机成功地降落在俄亥俄州的哥伦布市。

请根据记忆,回答下面的问题。

(1)杰拉尔丁·莫克什么时候完成了环球飞行?
(2)莫克出生于哪一年?
(3)莫克进行环球飞行时驾驶的是哪种型号的飞机?
(4)这架飞机叫什么名字?
(5)莫克的这次环球飞行持续了多长时间?

116 "国王的游戏"

请尽可能仔细地阅读下文,并牢记细节。

> 在下国际象棋(其中棋子"王"的名称源自古代波斯国王的名称"沙阿",因此国际象棋也被称为"国王的游戏")时,两个比赛者在一个棋盘上交替挪动棋子,目标是攻击对手的被称为"王"的棋子。当"王"处于对手棋子的攻击之下时,这种状态被称为"将军"(在阿拉伯语中的意思是"沙阿去世了")。此时,"王"受到攻击一方的比赛者的应对措施是:a. 将自己一方已"抓获"对手的棋子"吃掉";b. 将"王"用一个自己一方的棋子"掩护"起来;c. 把"王"放置在一个未被对手的棋子"占领"的区域中。

请根据记忆,回答下面的问题。

(1)为什么国际象棋也被称为"国王的游戏"?
(2)在阿拉伯语中,"将军"是什么意思?
(3)比赛时棋子"王"受到攻击时,比赛者有哪几种应对的措施?
(4)国际象棋中棋子"王"的名称来源于哪种语言?

117 古典乐团

请尽可能仔细地阅读下文,并牢记细节。

> 古典乐团演奏的乐器中包含若干个不同的乐器组。在通常的情况下有这些:木管乐器、铜管乐器、打击乐器、弦乐器和拨弦乐器,这些乐器按照上述顺序(从上到下)排列。总谱展示了一首音乐作品中的所有声部在记谱法中相对固定的编排顺序。对于弦乐器的演奏者来说,他们要演奏音乐作品中的多个声部,而另一些乐器演奏者演奏的声部仅有一个。

请根据记忆,回答下面的问题。

(1)一个总谱展现了什么?
(2)文中提到的哪种乐器属于吹奏乐器?
(3)总谱中所展现的乐器的编排顺序是怎样的?
(4)哪种乐器组的演奏者要演奏一首音乐作品中的多个声部?
(5)古典乐团演奏的乐器中共包含多少个乐器组?

118 热爱和平

请尽可能仔细地阅读下文,并牢记细节。

> "因纽特人理应获得诺贝尔和平奖,因为他们不止一次认识到战争意味着什么",一位曾经的英国足球队员这样说。但是不仅因纽特人没有获得过诺贝尔和平奖,连"圣雄"甘地也未曾获得过,尽管他曾被提名。甘地于1948年1月30日在新德里被刺杀。

请根据记忆,回答下面的问题。

(1)哪国足球运动员提议授予因纽特人诺贝尔和平奖?
(2)谁获得过诺贝尔和平奖的提名?
(3)刺杀事件发生在哪里?
(4)刺杀事件发生在什么时间?

119 西格蒙德·弗洛伊德

请尽可能仔细地阅读下文,并牢记细节。

> 西格蒙德·弗洛伊德于1873年进入维也纳大学医学院学习,1881年获得医学博士学位,1882年起在维也纳综合医院担任医师。他于1895年正式提出精神分析的概念,1899年出版《梦的解析》。他于1919年成立国际精神分析学会,精神分析学派由此形成。1936年,弗洛伊德成为英国皇家学会会员。1939年,他于伦敦逝世。

请根据记忆,回答下面的问题。

(1)西格蒙德·弗洛伊德于哪一年获得医学博士学位?
(2)1882年弗洛伊德在哪家医院担任医师?
(3)弗洛伊德于哪一年提出精神分析的概念?
(4)《梦的解析》出版于哪一年?
(5)精神分析学派形成于哪一年?

第4章

图片记忆需要关注细节

120 "田野" I

下面这幅抽象的图画包括了白色和黄色的区域。请准确地记住下图中哪些区域是黄色的。若能把黄色的区域在脑海中组成一个充满想象力的画面,记忆起来就没有那么困难了。

把下面的"抽象的田野"想象成一幅画,找出左图中的黄色区域。

121 数字、图形、颜色

试着在两分钟之内记住下面这些数字、图形,以及它们所在的位置和颜色。

相比上图中的数字、图形和颜色,下面一共出现了四处变化。请找到它们并标记出来。

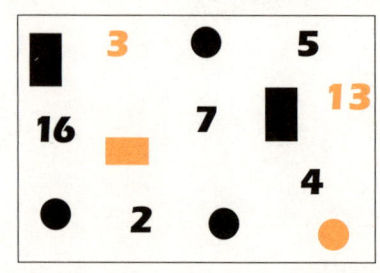

122 图形的颜色和形状 I

请记住下面这些图形的类型，以及它们的颜色和所在的位置。

请根据你对上方图形的记忆，回答下面的问题。
（1）哪种颜色的图形最少？
（2）黑色图形中的角加起来一共有多少个？
（3）图形一共有多少种不同的颜色？
（4）椭圆形有哪几种颜色？
（5）一共有几种图形？

123 花格子 I

请在一分钟之内记住下面这张图，之后你需要回想起这张图中的黄色格子。

请回忆上方的格子图，并把代表黄色格子的字母写在下面字母表格下的横线上。

A	W	E	R	S	O	P	S
S	O	Z	R	G	L	F	I
A	J	U	Q	F	K	T	B
H	N	I	O	A	D	Z	N

124　路线图 I

请记住下图中从A到B的路线。请开始一场"想象之旅",把下面的各个图形分别想象成高楼大厦、教堂、街道等。

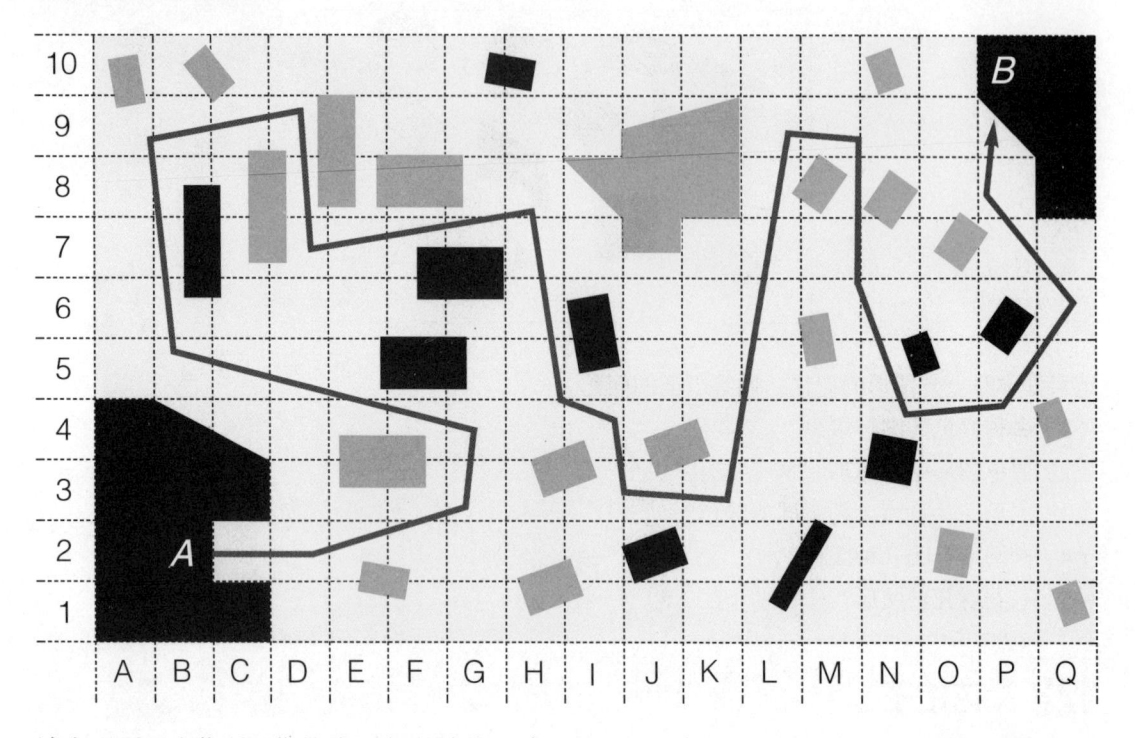

请在下面画出你所记住的从A到B的路线。请回想一下"穿过大街小巷"的"想象之旅",但是别"迷路"了。

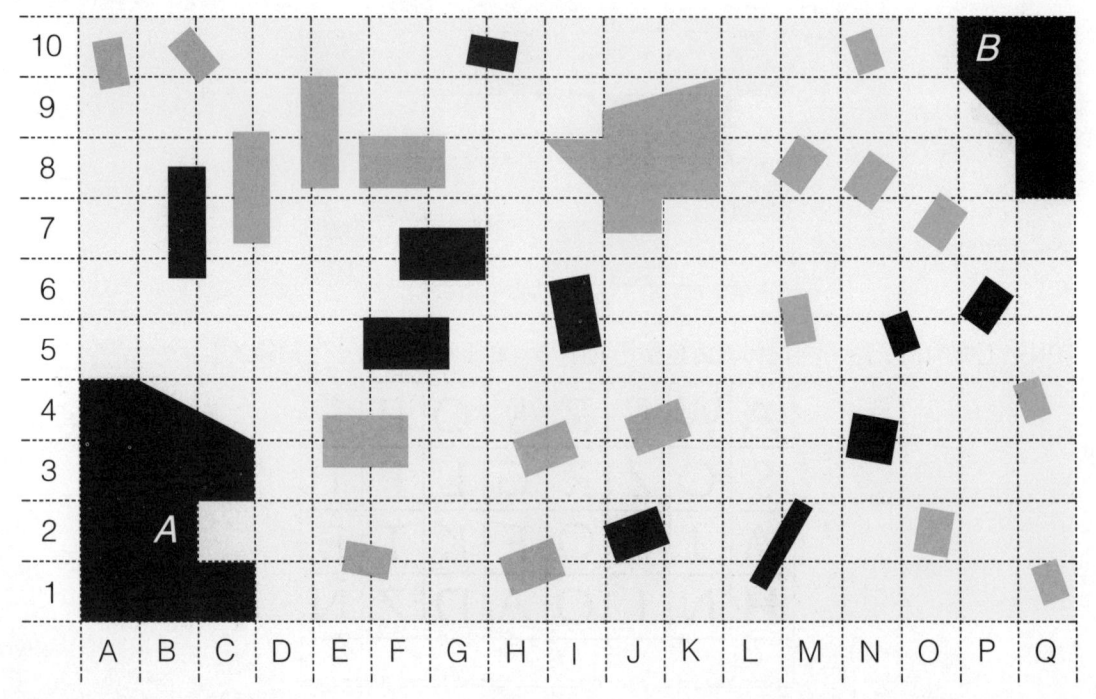

125 职业女性

下面有八位女士，请用一分钟记住她们的容貌、姓名和职业。

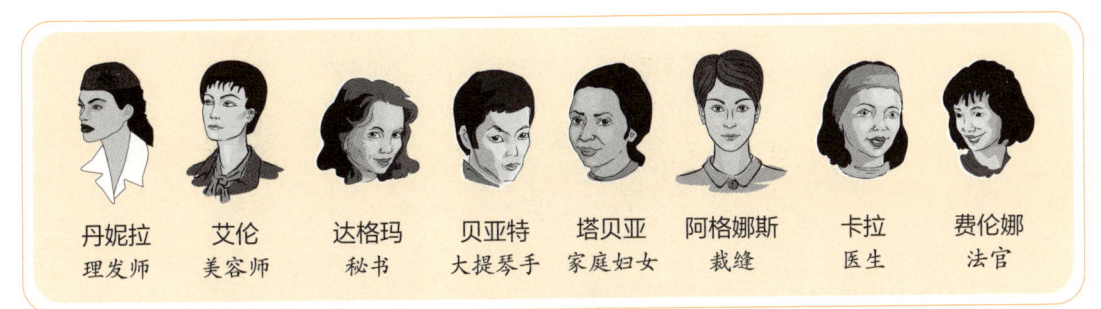

丹妮拉	艾伦	达格玛	贝亚特	塔贝亚	阿格娜斯	卡拉	费伦娜
理发师	美容师	秘书	大提琴手	家庭妇女	裁缝	医生	法官

挡住题目，你能回想起上方的八位女士吗？请把她们的姓名和职业写在对应的图片下面。

126 图片和数字 I

请认真记住下面四张图片以及每张图片所对应的数字。在之后你需要用这些图片来完成题目。

汽车 = 8　　搅拌器 = 17　　戒指 = 9　　高跟鞋 = 11

请将下面的图片替换成你所记忆的相应数字，并完成相应的计算。

高跟鞋 + 搅拌器 − 戒指 = _____

汽车 + 戒指 − 高跟鞋 = _____

搅拌器 + 高跟鞋 − 汽车 = _____

127 悠闲的午后

下图展示了一位女士在她自己房间内的情景。请仔细观察这幅图,并记住图中的细节。

请挡住图片,下列句子是对上方图片的描述,请判断哪些描述是正确的,哪些是错误的。请在正确的描述后面的括号里画"√",在错误的描述后面的括号里画"×"。

(1)房间的右侧挂了一条连衣裙。　　　　　　　　　　　　　　　(　　)
(2)女士的右手撑在一张小桌子上。　　　　　　　　　　　　　　(　　)
(3)房间内铺的是木地板。　　　　　　　　　　　　　　　　　　(　　)
(4)女士的头发遮住了她的耳朵。　　　　　　　　　　　　　　　(　　)
(5)窗帘挂在窗户旁。　　　　　　　　　　　　　　　　　　　　(　　)
(6)在图中可以看到两个相同的灯罩。　　　　　　　　　　　　　(　　)
(7)女士的左手端着一个茶杯。　　　　　　　　　　　　　　　　(　　)
(8)女士后面的墙上挂着一幅油画。　　　　　　　　　　　　　　(　　)

128 花

下面展示了八种相似的花朵。请准确地记住每幅图片下面与花朵各自对应的数字。

| 6 | 1 | 5 | 3 |
| 2 | 0 | 7 | 8 |

下面的图片顺序被打乱了。请凭记忆把每张图片各自对应的数字写入图片下的方框里。

129 物品 I

请记住下面的物品,并记住具体的物品类型、物品的功能,以及每种物品的数量。

请根据你记住的物品的相关信息,回答下面的问题。
(1)上图中,一共有多少件物品?
(2)上图中,一共有多少种不同的物品?
(3)上图中,有多少种物品是与音乐无关的?
(4)上图中,一共有几个熨斗?
(5)上图中,一共有几把电吉他?
(6)上图中,一共有几种不同的吉他?

130 旅行者

请在一分钟内记住下面这张图中的人物细节。

请你根据对上图中的人物细节的记忆,回答下面的问题。
(1)上图中的那个人用来支撑自己身体的是左手还是右手?
(2)他抓住的是帽子的顶部还是帽檐?
(3)他的胡子是刮干净了还是看起来三天没刮了?
(4)他的裤子是带有花纹的还是纯色的?
(5)上图中的那个人很瘦吗?
(6)上图中的那个人脚上穿的是什么鞋?

131 "图片箱" I

请记住下面这张表格。

通过下面的提示，请确定它们各自与左侧表格中的哪幅图相对应，然后写出相应图片所在的具体位置。例如B4代表袜子。

（1）人们能在埃及看到它。
（2）它属于计算机的一部分。
（3）孩子们去游乐园时会玩的娱乐设施。
（4）一种健康的出行方式。
（5）这是一个很少有人能观察到的角度。
（6）人们在此处放松和清洁自己。
（7）它保护穿戴者免受伤害。

132 图中的数字

请观察下图，并记住图中的数字以及它们所在的位置。

请根据对上图中的数字的记忆，在下面的白色圆形内填入数字。请注意，下面这张图较上方的图发生了变化。

133 花格子 II

请记住下面的格子图以及黄色格子所在的准确位置。

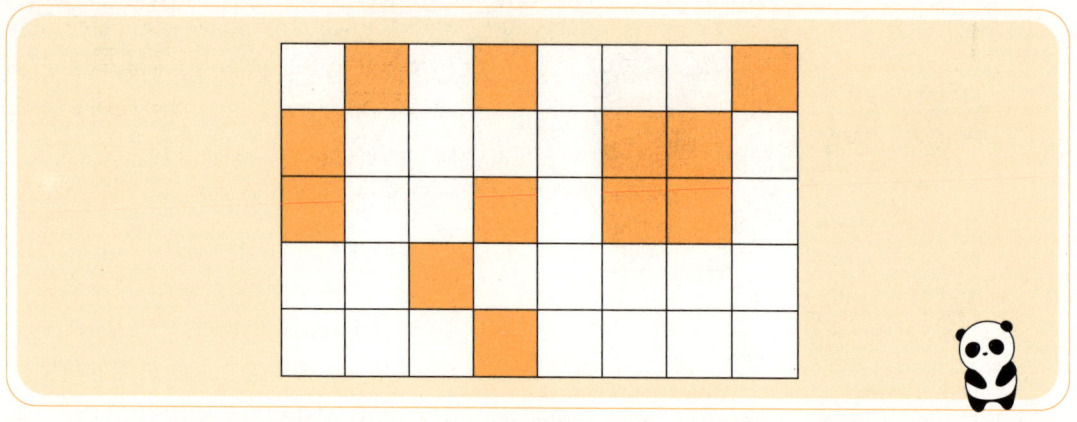

请在下面的字母表格中找到与图中黄色格子所在的位置相对应的字母,并将找到的字母写在字母表格下方的横线上。

P	S	U	A	L	C	M	T
T	Q	O	W	K	E	L	X
K	H	J	I	V	S	S	B
G	U	E	Z	T	Y	S	N
I	F	D	N	S	A	R	E

134 "田野" II

请在一分钟内记住图中黄色区域所在的位置。

请在图中标出黄色的区域。

135 路线图 II

请记住下图中从A到B的路线。请开启一次"想象之旅",将下面的各个图形分别想象成高楼大厦、教堂和街道等。

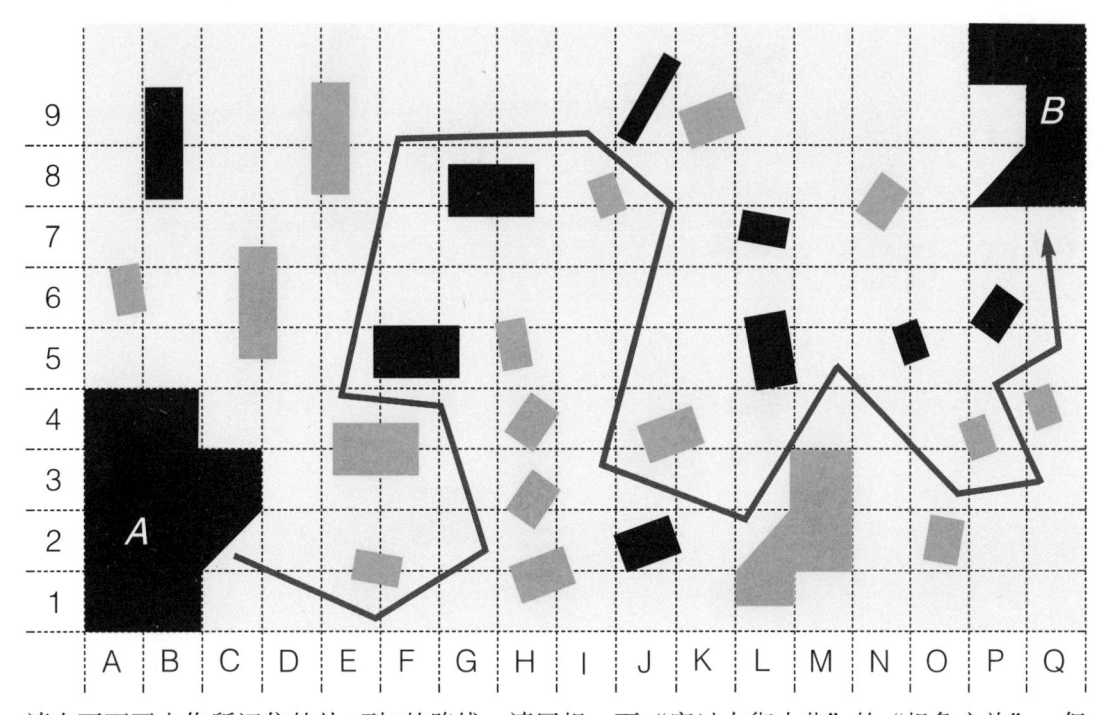

请在下面画出你所记住的从A到B的路线。请回想一下"穿过大街小巷"的"想象之旅",但是别"迷路"了。

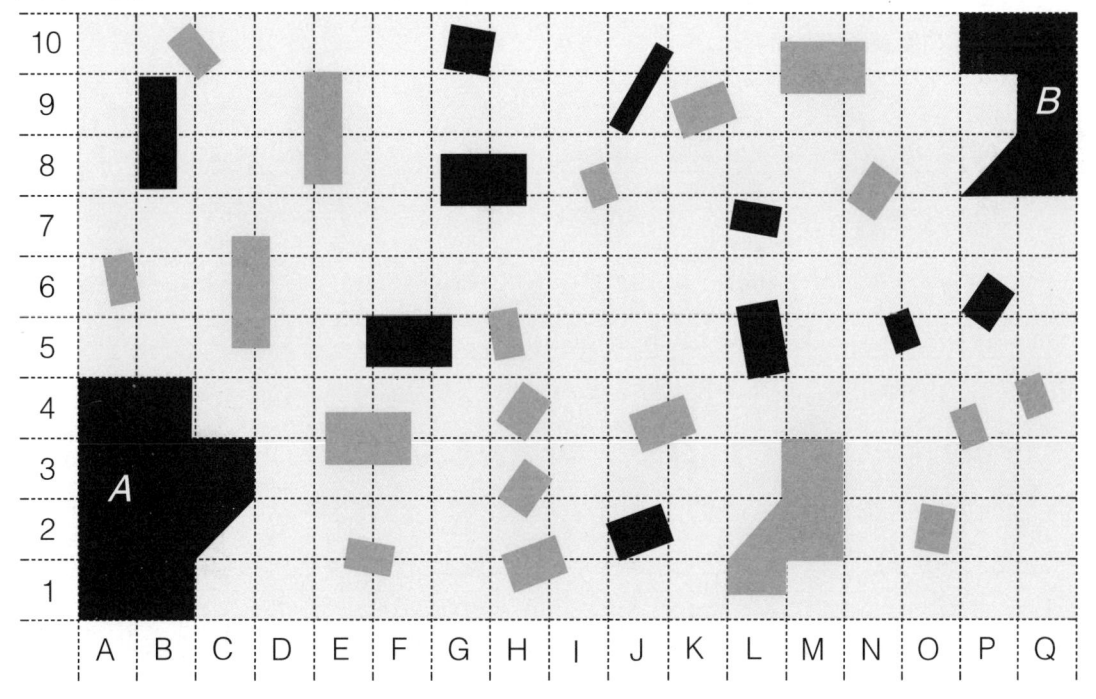

136 图形的颜色和形状 II

请记住下面这些图形的类型，以及它们的颜色和所在的位置。

下图中有一些图形的位置和外观较上图已经发生了改变。你能找出来是哪些图形吗？

137 偏爱的玩具

下面给出的是孩子们和他们每个人喜爱的玩具。请在两分钟内记住下面全部孩子的形象、他们的姓名和他们喜爱的玩具的名称。

托比亚斯	蒂娜	伊娜	索菲亚	托马斯	劳拉	卡斯滕	赛琳娜
积木	气球	仓鼠玩偶	项链	玩具挖土机	玩具娃娃	小锤	拼图

请根据相关内容的记忆，在下面写出每个孩子的姓名以及他们各自喜爱的玩具的名称。

138 "田野" III

请记住下图中黄色区域所在的位置。

请在图中标出左侧图中的黄色区域。

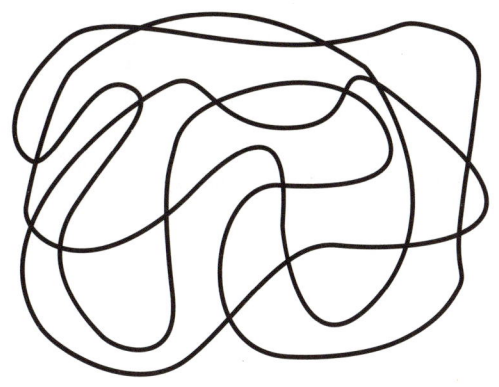

139 吊床上

请观察下图,并记住图中的数字以及它们所在的位置。

4 17 10
1 3 9
    11

请根据对上图中数字的记忆,在下面的白色圆形中填入数字。请注意下面这张图与上图相比发生了变化。

140 物品 II

请记住下面的物品，并记住具体的物品类型、物品的功能，以及每种物品的数量。

请根据你对上图中的物品的记忆，回答下面的问题。

（1）上图中，一共有多少件物品？
（2）上图中，一共有多少种不同的物品？
（3）上图中，哪些物品是人们会在上下班的路上携带的？
（4）上图中，家具有哪些？共有几件？
（5）上图中，有哪些物品不是每家每户都有的？
（6）上图中，一共有多少种不同的箱子？
（7）上图中，有多少件物品是有把手的？
（8）上图中，一共有几把伞？

141 赠送礼物

请记忆下图，注意观察图中所有的细节。

下面这些句子是对图片的描述。请在描述正确的句子后面的括号里画"√"，在描述错误的句子后面的括号里画"×"。

（1）图中所有女士都有一头长发。　　　（　　）
（2）有两位女士手中拿着香槟杯。　　　（　　）
（3）有一位女士坐在地板上。　　　　　（　　）
（4）画面左侧的那位女士穿的是裤子。　（　　）
（5）沙发上有一个靠垫。　　　　　　　（　　）
（6）两位拥抱在一起的女士的上衣都是长袖衫。
　　　　　　　　　　　　　　　　　　（　　）
（7）两位拥抱在一起的女士后面的墙上贴着的是带花纹的墙纸。　　　　　　　　　　（　　）
（8）桌子上有些礼物已经被打开了。　　（　　）

142 图片和数字 II

请认真记住下面六张图片以及每张图片所对应的数字。你需要用这些图片来完成题目。

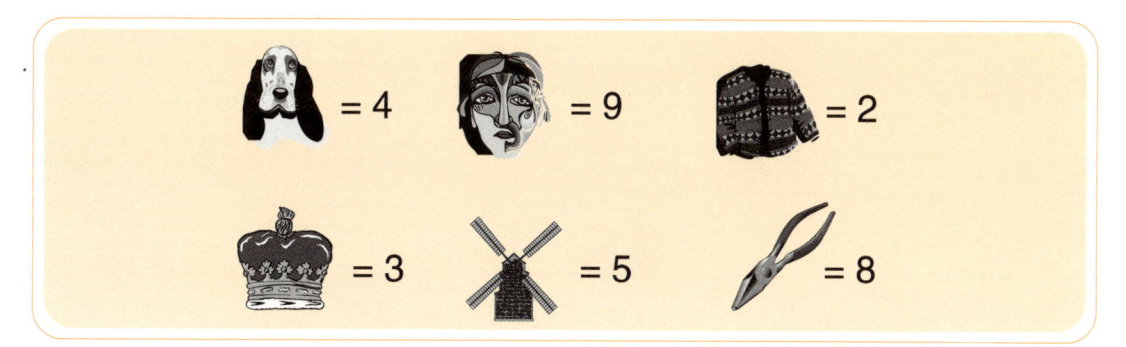

请将下面的图片替换成你所记忆的相应数字，并完成相应的计算。

143 耳饰

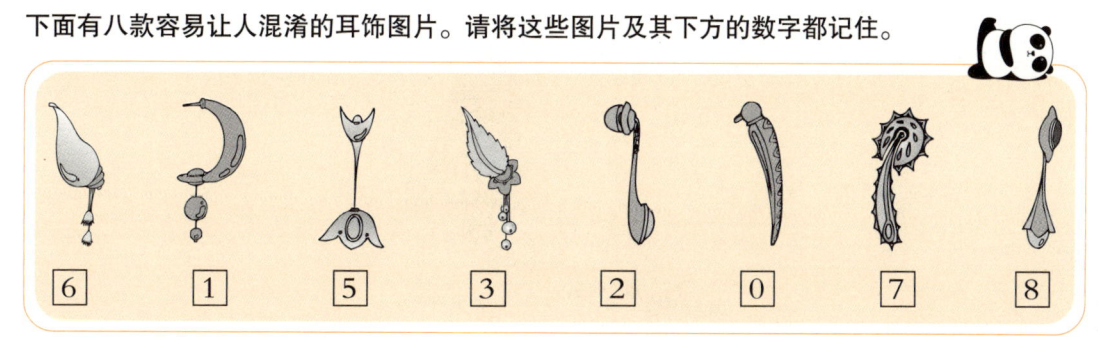

下面有八款容易让人混淆的耳饰图片。请将这些图片及其下方的数字都记住。

下面这些耳饰图片的顺序改变了。你能凭记忆在图片的下方写出它们各自对应的数字吗？

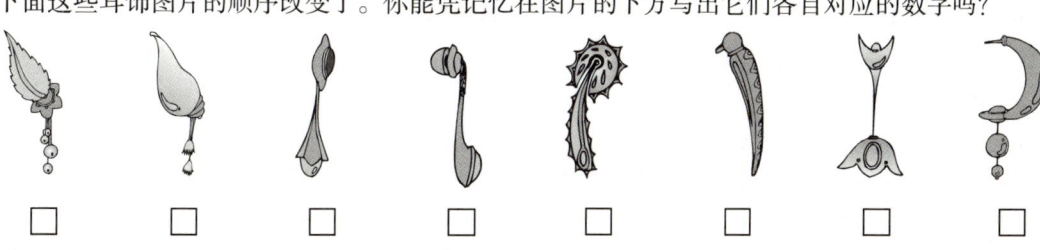

144 图形记忆测试

请尽可能快地记住下面的图形以及图形的所有细节，试着在二十秒内完成记忆。

请根据对上方图形的记忆，回答下面的问题。

（1）上图中，出现了多少种不同的颜色？
（2）上图中，一共有多少种图形？
（3）上图中，黄色图形中的角一共有多少个？
（4）上图中，正方形一共有几种颜色？
（5）上图中，除了有两个正方形，还有几个图形？
（6）上图中，哪种颜色的图形数量最多？

145 沉思

请仔细观察并记住下图中的细节，然后回答问题。

请通过回答下面这些问题来检验自己对上方图片的记忆是否准确。

（1）女士的左手上是否戴着手表？
（2）女士的头发是深色的还是浅色的？
（3）女士穿的是一条七分裤还是一条长裤？
（4）女士正在朝哪个方向看？左上方？右下方？还是其他方向？
（5）女士的右手中拿着的是什么？

146 花格子 Ⅲ

请记住下面的格子图,同时记住图中黄色格子的准确位置。

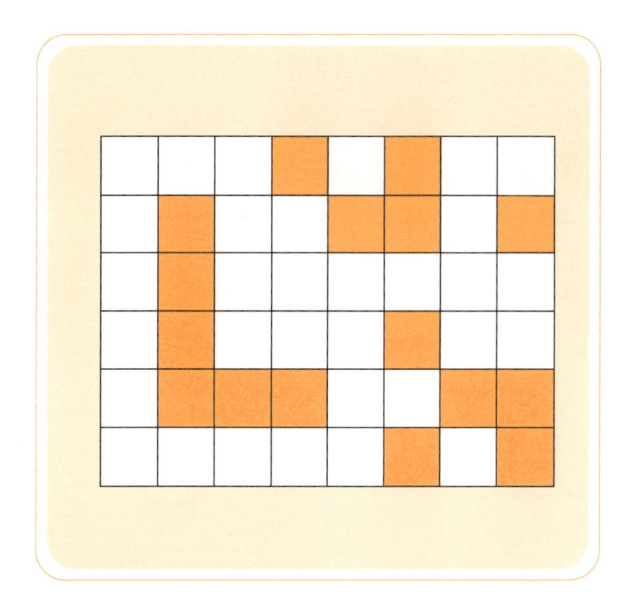

请在下面的字母表格中找到与左侧图中黄色格子所在的位置相对应的字母。请将找到的字母写在字母表格下方的横线上。

T	R	E	D	S	A	G	D
Z	M	W	C	P	F	O	B
U	U	Q	F	L	I	H	P
N	E	V	D	A	G	K	J
S	E	L	E	G	F	I	S
W	E	B	A	M	E	R	N

----

147 庆祝的人群

请观察下图,并记住图中的字母以及它们所在的位置。

请根据对图中的字母的记忆,在下面的白色圆形内填入上图中出现的字母。

148 意式滚球游戏

请尽可能多地记住下图中的细节，然后回答问题。

下面这些句子是对上方图片的描述，请判断正误。请在描述正确的句子后面的括号里画"√"，在描述错误的句子后面的括号里画"×"。

（1）上图中一共可以看到七个人。　　　　　　　　　　　　　　　　（　　）
（2）这些人中有三位是女性。　　　　　　　　　　　　　　　　　　（　　）
（3）这些人中有四位戴着帽子。　　　　　　　　　　　　　　　　　（　　）
（4）场地内的男子穿着运动鞋。　　　　　　　　　　　　　　　　　（　　）
（5）场地内一共有八个球。　　　　　　　　　　　　　　　　　　　（　　）
（6）图片的背景中可以看到有一条大街。　　　　　　　　　　　　　（　　）
（7）图中有一个人手里拿着饮料杯。　　　　　　　　　　　　　　　（　　）
（8）图中看起来阳光很强烈。　　　　　　　　　　　　　　　　　　（　　）

149 "图片箱" II

请记住下面这张表格。

通过下面的提示，请确定它们各自与左侧表格中的哪幅图相对应，然后写出相应图片所在的具体位置。例如D4代表苍蝇。

（1）人们通常周日去那里。
（2）一种请求的手势。
（3）它挽救了一些航海家的生命。
（4）它被手电筒取代了。
（5）它使全球性的通讯成为可能。
（6）葡萄酒爱好者很喜欢它。
（7）他是白雪公主的朋友。
（8）它是知识的体现。

150 来自不同地方的人

下面有八位来自不同国家的男士，请记住他们的姓名和国籍。

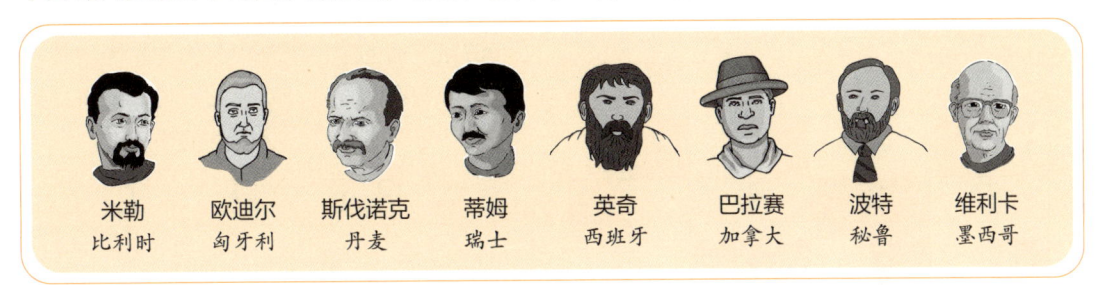

米勒	欧迪尔	斯伐诺克	蒂姆	英奇	巴拉赛	波特	维利卡
比利时	匈牙利	丹麦	瑞士	西班牙	加拿大	秘鲁	墨西哥

请根据记忆写出上方出现的男士的姓名和国籍。

151 物品 Ⅲ

请注意观察下面的物品，并试着记住物品的种类、物品的功能，以及每种物品的数量。

请根据回忆，回答下面的问题。
（1）上图中，一共有多少件物品？
（2）上图中，人们会把哪些物品放在口袋里？它们的数量是多少？
（3）上图中，一共有多少件工具？
（4）上图中，有多少种不同的电话机？
（5）上图中，一共有几把折叠刀？
（6）上图中，除了电话机和折叠刀，剩下的物品一共有几件？

152 花格子Ⅳ

请在一分钟内准确地记住下面的格子图，同时记住图中黄色格子所在的准确位置。

请在下面的字母表格中找到与左图中黄色格子所在的位置相对应的字母。请将找到的字母写在字母表格下方的横线上。

W	R	E	A	E	S	Q	D
C	O	U	I	P	T	F	S
I	B	T	R	E	N	Z	G
V	F	Q	K	L	U	H	N
M	D	N	U	I	U	J	S

153 相似Ⅰ

下面有八幅相似的图片。请认真记住这些图片以及它们各自对应的字母。

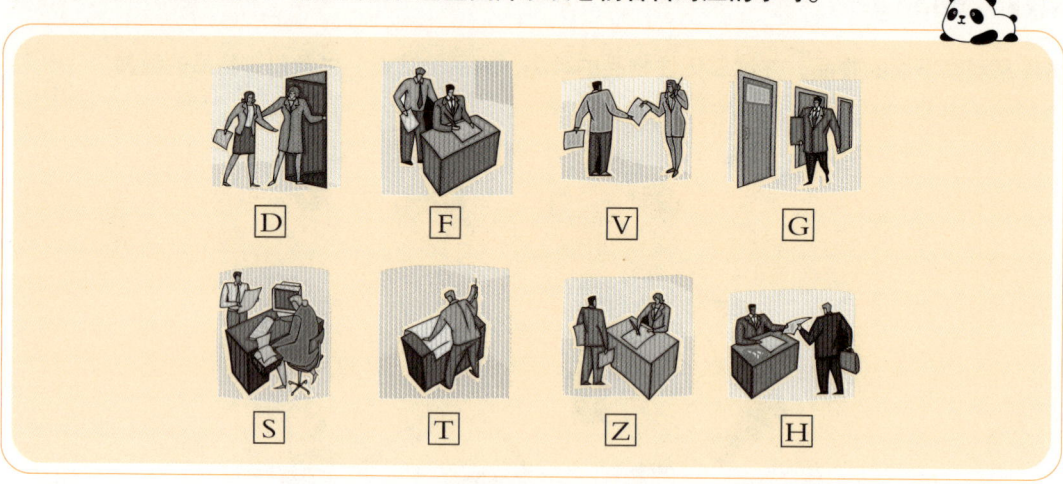

D　F　V　G

S　T　Z　H

下面的图片与上图相比，顺序改变了。请凭记忆填出与下面各张图片各自对应的准确字母。

154 ▶ 路线图 Ⅲ

请记住下图中从 *A* 到 *B* 的路线。请开始一场"想象之旅",把下面的各个图形分别想象成高楼大厦、教堂、街道等。

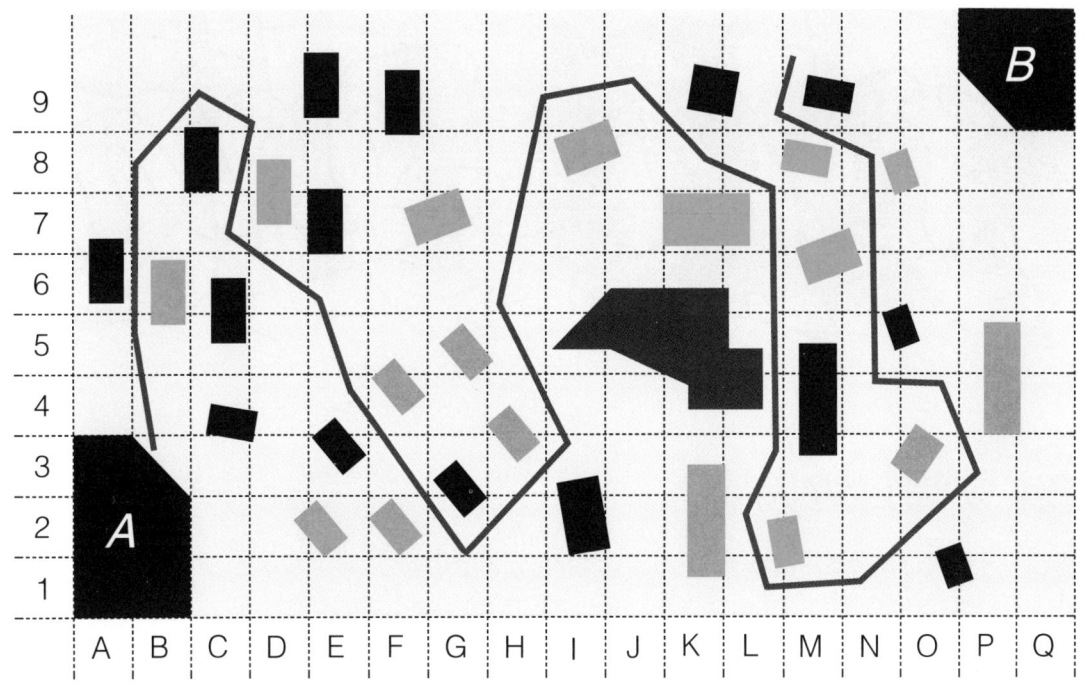

请在下面画出你所记住的从 *A* 到 *B* 的路线。请回想一下"穿过大街小巷"的"想象之旅",但是别"迷路"了。

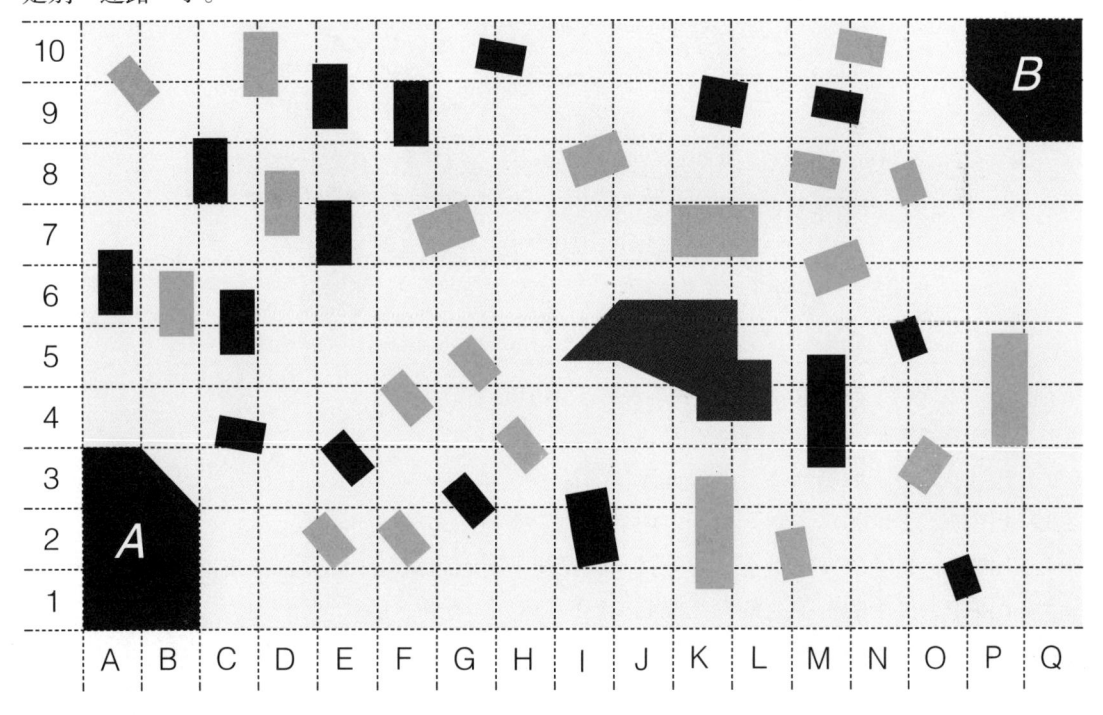

155 "田野" IV

请在一分钟内记住图中黄色区域所在的位置。

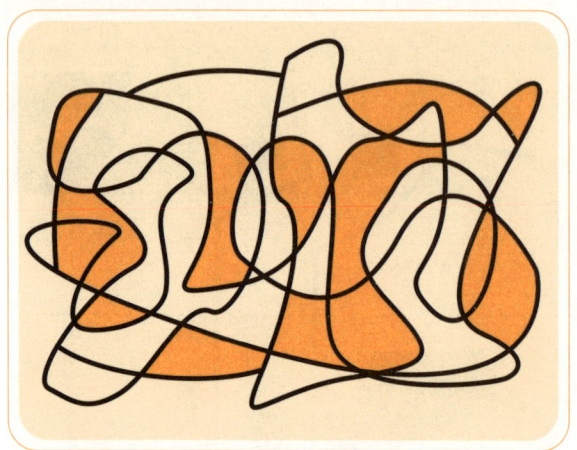

请在下图中标出左图中的黄色区域。

156 沙发上的男人

请在一分钟内记住下图中的细节。

请挡住图片回答下列问题,检验一下是否将上图中的细节记住了。

(1)上图中,男子有没有系领带?
(2)上图中,男子的脚部是否能看见浅色的袜子?
(3)上图中,男子的胡子剃干净了,还是看起来像是三天没剃胡子了?
(4)上图中,男子的发型是不是有头路(头发朝不同方向梳时中间露出头皮的一道缝)?
(5)上图中,男子的左手上戴着几枚戒指?
(6)上图中,男子有没有靠在一个靠垫上?

157 "图片箱" Ⅲ

请记住下面这张表格。请注意表格旁边的标识，这些标识表明了表格中的物品所在的位置。

通过下面的提示，请确定它们各自与表格中的哪幅图相对应，然后写出相应图片所在的具体位置。例如C4代表企鹅。

（1）它们刚出生几天。
（2）它通常设置于交叉路口或其他特殊地点。
（3）它是裁判使用的最重要的工具之一。
（4）它被用来观察远处的事物。
（5）它表示时间不断流逝。
（6）圣诞夜它几乎会出现在每个家庭中。
（7）人们可以用它来演奏乐曲。
（8）它们居住在地球的最南端。

158 图片和数字 Ⅲ

请认真记住下面四张图片以及每张图片所对应的数字。你需要用这些图片来完成题目。

铃 = 23
灯 = 17
鹿 = 38
凳 = 21

请将下面的图片替换成你所记忆的相应数字，并完成相应的计算。

鹿 − 铃 + 灯 = _____

灯 − 凳 + 鹿 = _____

159 幸福之家

在下面这幅图中，可以看到一个家庭的所有成员。请花一分钟记住图中的细节。

下面的句子是对相应图片的描述，请判断哪些描述是正确的，哪些是错误的。请在正确的描述后面的括号里画"√"，在错误的描述后面的括号里画"×"。

（1）左图中，一共有八个人。（　　）
（2）左图中，有五个人坐在一张沙发上。（　　）
（3）左图中，有三个孩子露出了牙齿。（　　）
（4）左图中，母亲扎着辫子。（　　）
（5）左图中，有两个孩子穿着深色上衣。（　　）
（6）左图中，父亲穿了件衬衫。（　　）
（7）左图中，有一个小姑娘靠在妈妈的肩膀上。（　　）
（8）图片的右侧，有一只父亲伸出的手臂。（　　）
（9）图片的前部，有两个小男孩坐在地板上。（　　）
（10）左图中，有一个小男孩穿了件纯色衬衣。（　　）
（11）左图中，有一个人戴了眼镜。（　　）
（12）左图中，有一个孩子手里拿着一个球。（　　）

160 图形的颜色和形状 III

请记住下面这些图形的类型，以及它们的颜色和所在的位置。

请根据你对左侧图形的记忆，回答下面的问题。
（1）左图中，有几个图形是灰色的？
（2）左图中，黑色长方形在框的哪一边？
（3）左图中，一共有几种图形？
（4）左图中，一共有几个白色的图形？
（5）左图中，四边形有哪几种颜色？
（6）左图中，有几个不规则的图形？
（7）左图中，所有图形中的角加起来有几个？
（8）左图中，有多少种不同类型的白色图形？

161 人类最好的朋友

下面展示了六种犬类，请记住这些犬类的名字和它们所属的种类。

牧羊犬	梗犬	柯利牧羊犬	猎獾犬	短尾犬	绒毛犬
马克思	蒂基	拉里	阿达姆	金波	莉西

请根据对上面犬类的记忆，写出下面每只犬的名字和它所属的种类。

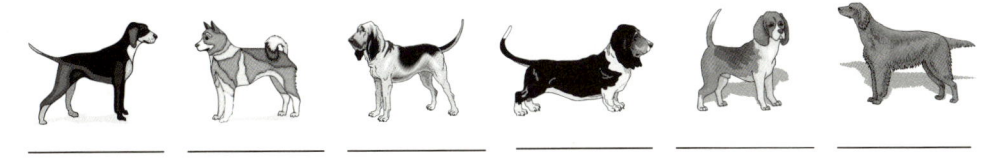

_____ _____ _____ _____ _____ _____
_____ _____ _____ _____ _____ _____

162 夫妇

请在一分钟内认真观察下面这张图片。请记住图中的细节。

请根据对图片的记忆，回答下面的问题。
（1）上图中，那位女士的发型是怎样的？
（2）上图中，能看见那位先生的牙齿吗？
（3）上图中的两个人，谁戴的手套颜色较深？
（4）上图中，能看到两个人的鞋子吗？
（5）请描述上图中的那位男士的胡子。
（6）上图中，女士的帽子是带花纹的还是纯色的？
（7）上图中，女士的夹克拉链拉上了吗？
（8）上图中，哪个人穿了一件皮夹克？

163 图片和数字 IV

请认真记住下面六张图片以及每张图片所对应的数字。你需要用这些图片来完成题目。

雏菊 = 3	大菊 = 6	小花 = 4
蓝花 = 2	穗花 = 8	球菊 = 9

请将下面的图片替换成你所记忆的相应数字，并完成相应的计算。

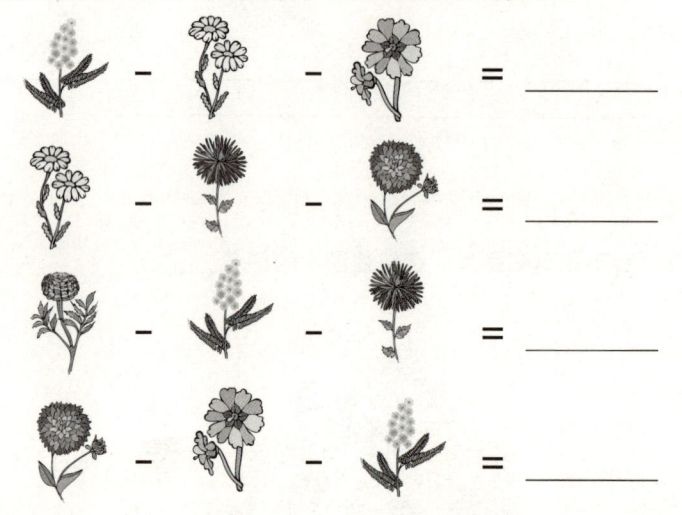

穗花 − 雏菊 − 小花 = _____

雏菊 − 大菊 − 球菊 = _____

球菊 − 穗花 − 大菊 = _____

球菊 − 小花 − 穗花 = _____

164 "田野" V

请在一分钟内记住图中黄色区域所在的位置。

请在图中标出是黄色的区域。

165 路线图 IV

请记住下图中从A到B的路线。请开启一次"想象之旅",将下面的各个图形分别想象成高楼大厦、教堂和街道等。

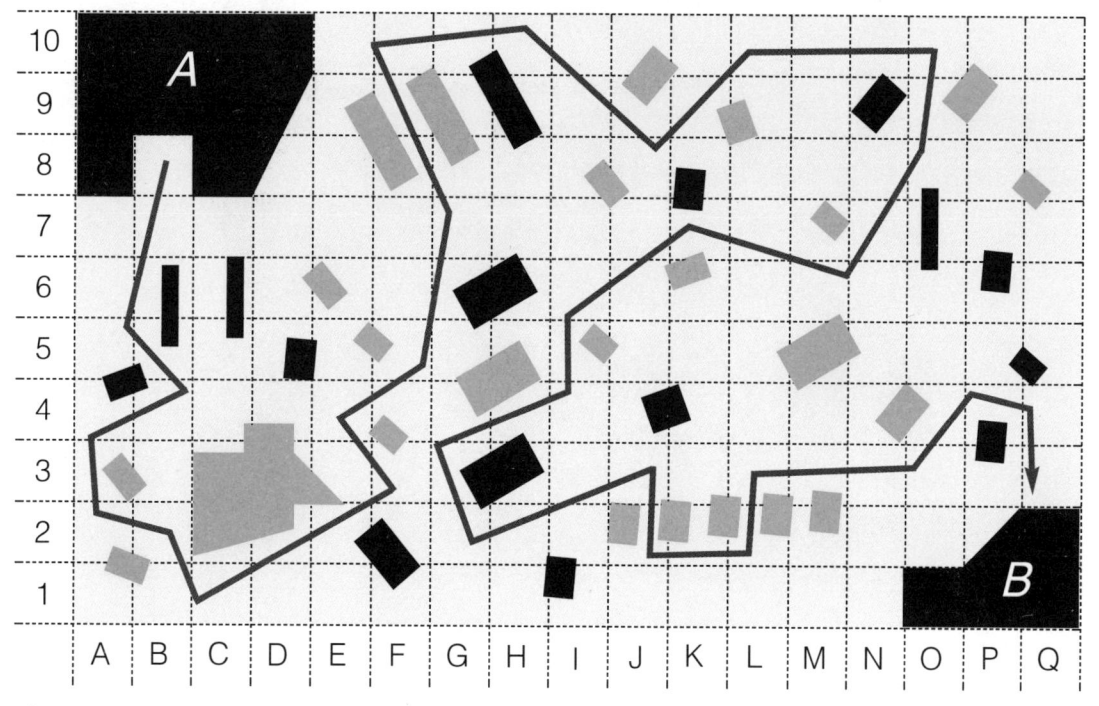

请在下图中画出你所记住的从A到B的路线。请回想一下"穿过大街小巷"的"想象之旅",但是别"迷路"了。

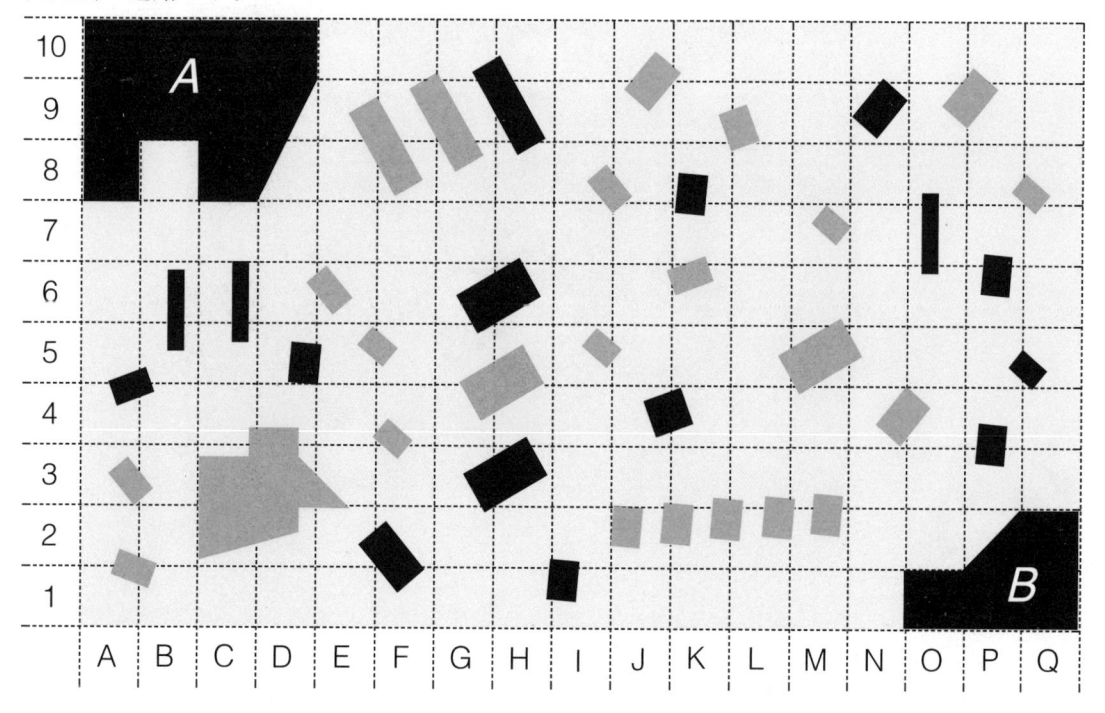

166 "万兽之王"

请观察下图，并记住图中的数字以及它们所在的位置。

请根据对上图中的数字的记忆，在下面的白色圆形内填入数字。请注意，下面这张图较上图发生了变化。

167 相似 II

下面有八张相似的图片。请认真记住这些图片以及每张图片下的字母。

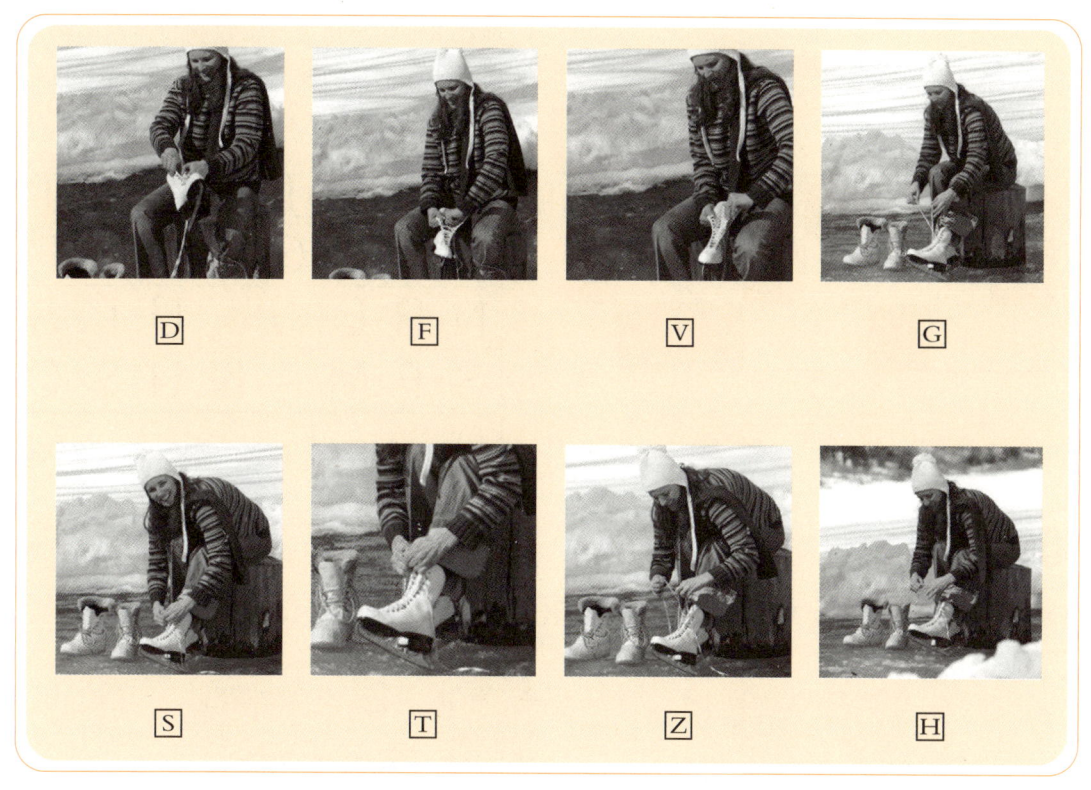

D	F	V	G

S	T	Z	H

下面的图片顺序被打乱了。请凭记忆把每张图片各自对应的数字写入图片下的方框里。

168 花格子 V

请在一分钟内准确地记住下面的格子图，同时记住图中黄色格子所在的准确位置。

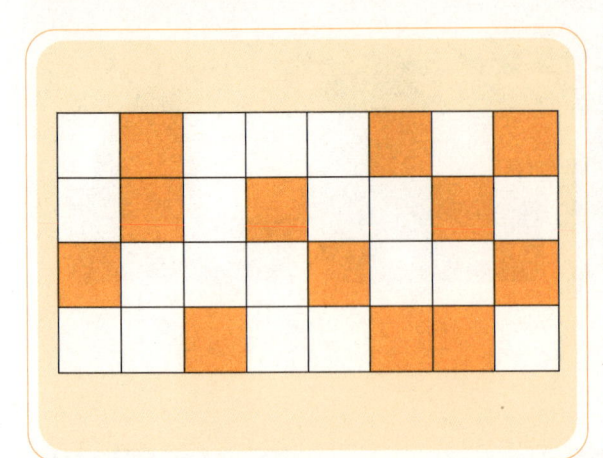

请在下面的字母表格中找到与左图中黄色格子所在的位置相对应的字母。请将找到的字母写在字母表格下方的横线上。

Q	A	E	T	J	N	I	T
G	A	H	G	Z	K	O	P
N	R	D	W	I	U	L	S
S	F	M	A	N	U	S	O

169 建筑

请记住下面六处建筑的外观，以及它们各自的名称和所属的类别。

鸽子石
城堡

托伊伯特
大学

克莱格
教堂

提格里斯
图书馆

"花花公子"
剧院

格莱弗瑞
博物馆

请根据对建筑的记忆，写出下面这些建筑的名称和它们所属的类别。

_____ _____ _____ _____ _____ _____

_____ _____ _____ _____ _____ _____

170 抽象艺术

下面这个图形是用线条画成的,请尽可能准确地记住下面的线条。请发挥想象力来记忆。

请根据记忆,尽可能准确地画出上面的图形,尽量一次画完,不要让笔尖离开纸面。

第5章

厘清事物之间的内在联系

171　继承、份额、遗产

请阅读下文，并记住文中出现的人名。请注意下文中人物之间的亲属关系，以及他们各自分得的遗产。可以多读几遍短文，以加深记忆。

> 约翰·拉策比希勒去世了。
> 他的身后事被公证人赫伯特·赫本施莱希特博士安排得很妥帖。
> 罗斯·拉策比希勒是死者的遗孀。
> 莫里兹·拉策比希勒是死者的儿子。
> 玛丽亚·拉策比希勒是死者的女儿，她的丈夫是拉尔夫，女儿是丽萨。
> 未能到场的约翰·拉策比希勒的母亲是安娜·拉策比希勒。
> 死者给自己的妻子留下了房子，儿子得到了汽车，女儿得到了度假小屋，女婿得到了集邮本，他的母亲则得到了他的保险金。公证人收取了3000欧元的手续费。

短文中的信息你都记住了吗？如果记住了，请你写出下面每个人在约翰·拉策比希勒去世后得到了什么。

莫里兹·拉策比希勒_____
罗斯·拉策比希勒_____
安娜·拉策比希勒_____
丽萨_____
玛丽亚·拉策比希勒_____
赫伯特·赫本施莱希特博士_____
拉尔夫_____

172 请在下午四点前预约

请牢记下列信息。

> 一家风味餐厅今晚接受的餐桌预订如下。
> 下午6点：史密斯，4人，要靠窗的座位；
> 下午6点30分：罗瑟勒，3人，带了1只大狗；
> 下午6点30分：穆勒，2人，需要安静的环境；
> 傍晚7点：哈勒，一对带孩子的夫妻，自带1辆童车；
> 傍晚7点30分：扬汉斯，6人，准备周年庆；
> 晚上8点30分：马图斯，7人，保龄球协会。

请在下面的框中用草图整理一下风味餐厅的餐桌预订情况，并针对顾客的要求为他们找到理想的座位。请注意上面每位顾客的预约时间。

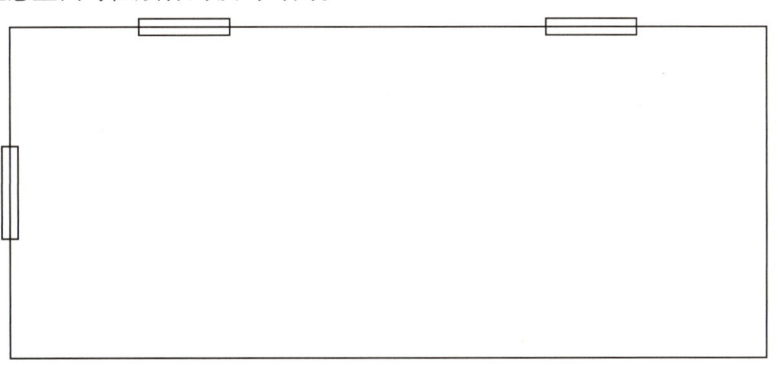

173 年轻情侣的聚会

请记住下文中的人名及他们之间的关系。

> 汉勒斯和扎比娜组织了一场聚会，他们邀请了四对与他们关系亲密的情侣：
> 丽萨和乔治一起来，莫妮卡会和马库斯一起出席，巴贝希和托马斯一起来，而拉姆娜会和鲍里斯一起出席。
> 早前丽萨和托马斯是一对情侣，而巴贝希和乔治曾是情侣。此外，莫妮卡也曾和鲍里斯短暂地交往过。

请根据记忆，在下面每个人名的后面写出他们交往过的情侣的名字，包括现任情侣与前任情侣的名字。

丽萨＿＿＿＿＿＿＿＿＿＿＿＿＿＿＿ 莫妮卡＿＿＿＿＿＿＿＿＿＿＿＿＿＿＿

巴贝希＿＿＿＿＿＿＿＿＿＿＿＿＿＿ 拉姆娜＿＿＿＿＿＿＿＿＿＿＿＿＿＿＿

乔治＿＿＿＿＿＿＿＿＿＿＿＿＿＿＿ 鲍里斯＿＿＿＿＿＿＿＿＿＿＿＿＿＿＿

马库斯＿＿＿＿＿＿＿＿＿＿＿＿＿＿ 托马斯＿＿＿＿＿＿＿＿＿＿＿＿＿＿＿

174 连环相撞

有几位警察赶到高速公路记录了一场汽车连环相撞事故。事故现场十分混乱，但在事故中无人伤亡。请记住一位警察写下的事故记录：

> 一辆红色奥迪汽车撞上了黄色欧宝汽车，而一辆黑色保时捷汽车从后面撞上了银色奔驰汽车，绿色东风标致汽车撞上了白色福特汽车。保时捷汽车在福特汽车的前面，奥迪汽车在汽车连环碰撞事故中的最后，欧宝汽车在福特汽车后面的某个地方。

请根据记忆，将汽车的品牌名称和颜色填在下面的横线上。

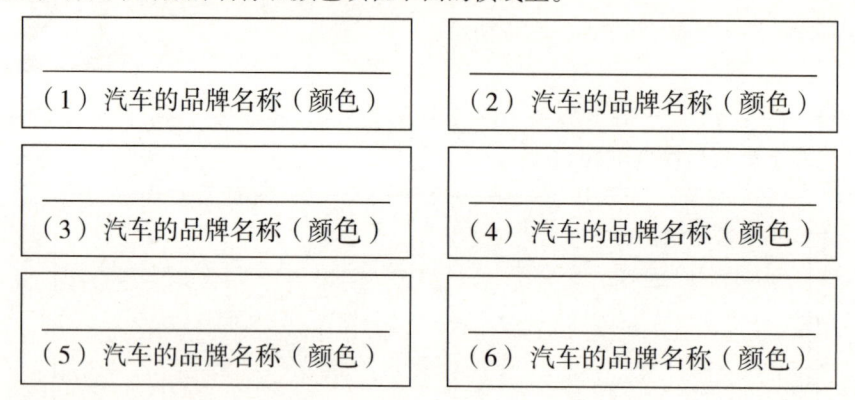

（1）汽车的品牌名称（颜色）

（2）汽车的品牌名称（颜色）

（3）汽车的品牌名称（颜色）

（4）汽车的品牌名称（颜色）

（5）汽车的品牌名称（颜色）

（6）汽车的品牌名称（颜色）

175 树状图 I

请记住下面的家庭关系图。夫妻关系由水平线连接起来表示，向下的分支图则表示父母和子女的关系。

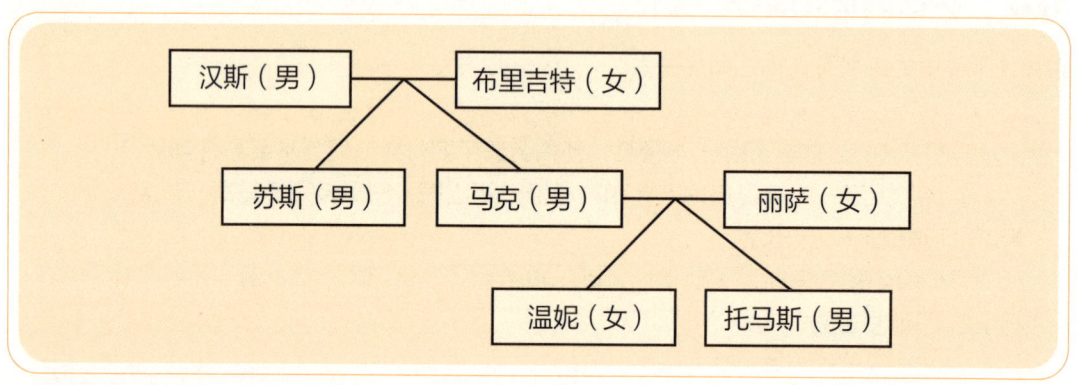

```
汉斯（男）———布里吉特（女）
       |
   ┌───┴───┐
苏斯（男） 马克（男）———丽萨（女）
                |
            ┌───┴───┐
         温妮（女） 托马斯（男）
```

请根据记忆，回答下面的问题。
（1）托马斯的妈妈是谁？
（2）汉斯的孩子各叫什么名字？
（3）马克的妻子叫什么名字？
（4）苏斯的兄弟叫什么名字？
（5）布里吉特的丈夫是谁？

176　方位与距离 I

请准确地记住下面这些字母所处的位置以及它们之间的连接线上表示距离（单位：千米）的数字。

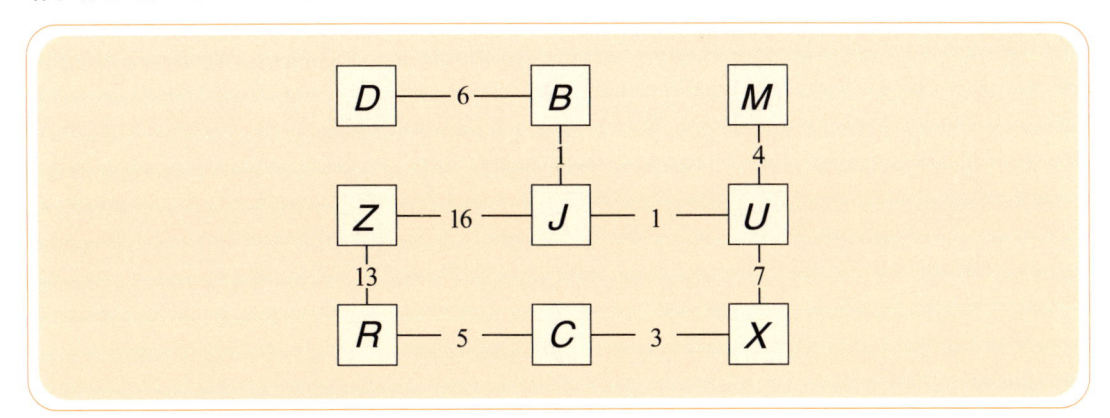

```
D —6— B       M
        |1    |4
Z —16— J —1— U
|13           |7
R —5— C —3— X
```

请根据记忆，回答下面的问题。
（1）从M到C的最短路线上有几个字母？
（2）从U开始，经过J，再到Z，一共多少千米？
（3）从R到D的最短路线为多少千米？

177　树状图 II

请记住下面的家庭关系图。夫妻关系由水平线连接起来表示，向下的分支图则表示父母和子女的关系。

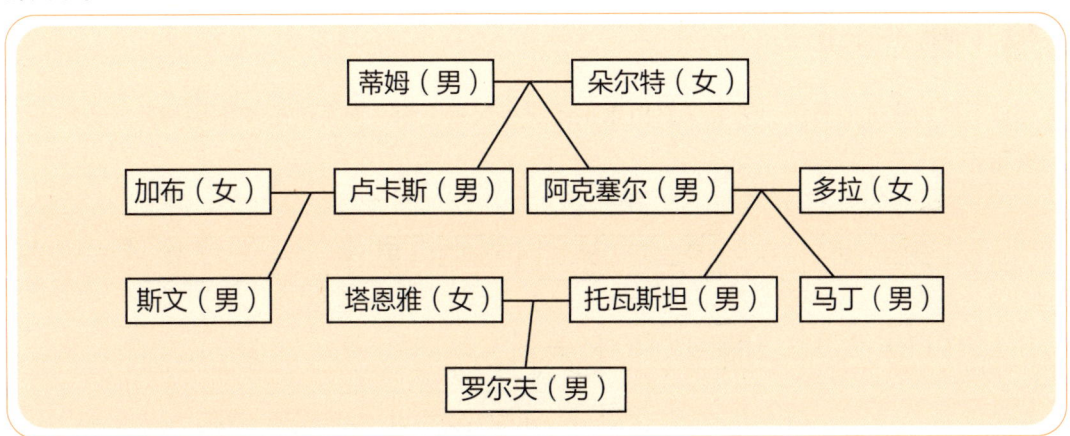

```
              蒂姆（男）——朵尔特（女）
                      |
加布（女）——卢卡斯（男）  阿克塞尔（男）——多拉（女）
                |                  |
斯文（男）   塔恩雅（女）——托瓦斯坦（男）  马丁（男）
                      |
                   罗尔夫（男）
```

请根据记忆，回答下面的问题。
（1）斯文的堂兄弟各叫什么名字？
（2）多拉的丈夫是谁？
（3）蒂姆与朵尔特有几个孙子？
（4）托瓦斯坦的伯父叫什么名字？
（5）罗尔夫的奶奶是谁？
（6）加布有几个孩子？

178　方位与距离 II

请准确地记住下面这些字母所处的位置以及它们之间的连接线上表示距离（单位：千米）的数字。

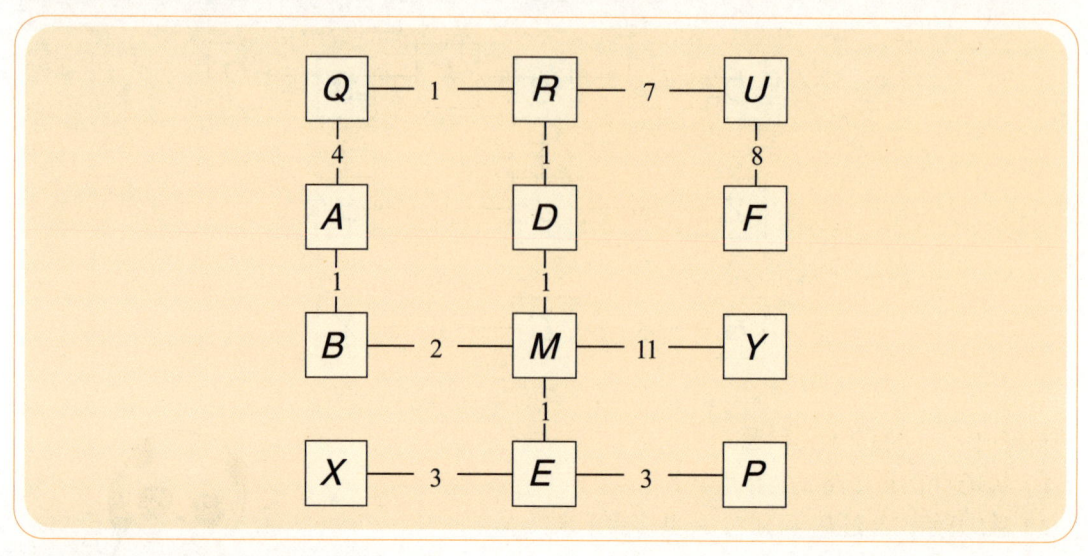

```
Q — 1 — R — 7 — U
|       |       |
4       1       8
|       |       |
A       D       F
|       |
1       1
|       |
B — 2 — M — 11 — Y
        |
        1
        |
X — 3 — E — 3 — P
```

请根据记忆，回答下面的问题。

（1）F到X最短的距离为多少千米？
（2）从P到Q的最短路线为多少千米？
（3）在不走重复路线的情况下，从Y到F的最长路线中有多少个字母？
（4）从A到D的最短路线为多少千米？

179　树状图 III

请记住下面的家庭关系图。夫妻关系由水平线连接起来表示，向下的分支图则表示父母和子女的关系。

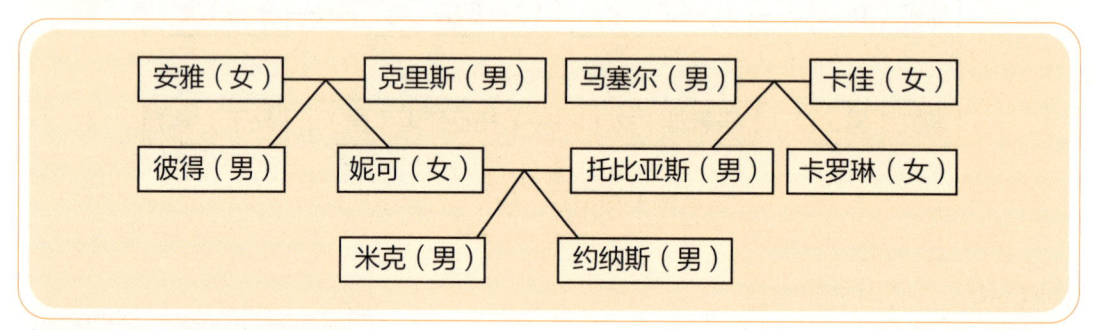

```
安雅（女）— 克里斯（男）    马塞尔（男）— 卡佳（女）
    |                              |
彼得（男）  妮可（女）— 托比亚斯（男）  卡罗琳（女）
                |
         米克（男）  约纳斯（男）
```

请根据记忆，回答下面的问题。

（1）妮可的小姑子叫什么名字？
（2）米克的姑姑叫什么名字？
（3）妮可的公公叫什么名字？
（4）约纳斯的爷爷叫什么名字？
（5）托比亚斯的岳母叫什么名字？

180 方位与距离 Ⅲ

请准确地记住下面这些字母所处的位置以及它们之间的连接线上表示距离（单位：千米）的数字。

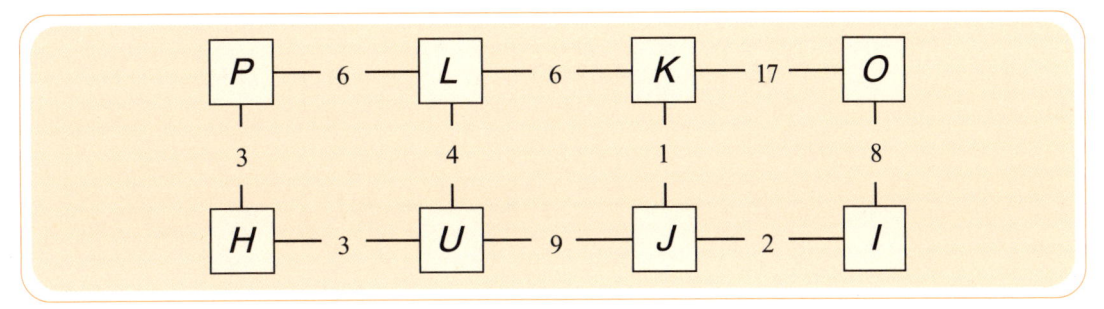

```
P — 6 — L — 6 — K — 17 — O
|        |        |        |
3        4        1        8
|        |        |        |
H — 3 — U — 9 — J — 2 — I
```

请根据记忆，回答下面的问题。
（1）从L到O的最短路线为多少千米？
（2）从P到U的最短路线为多少千米？
（3）从I到H的最短路线为多少千米？
（4）从O到K的最短路线上有多少个字母？

181 树状图 Ⅳ

请记住下面的家庭关系图。夫妻关系由水平线连接起来表示，向下的分支图则表示父母和子女的关系。

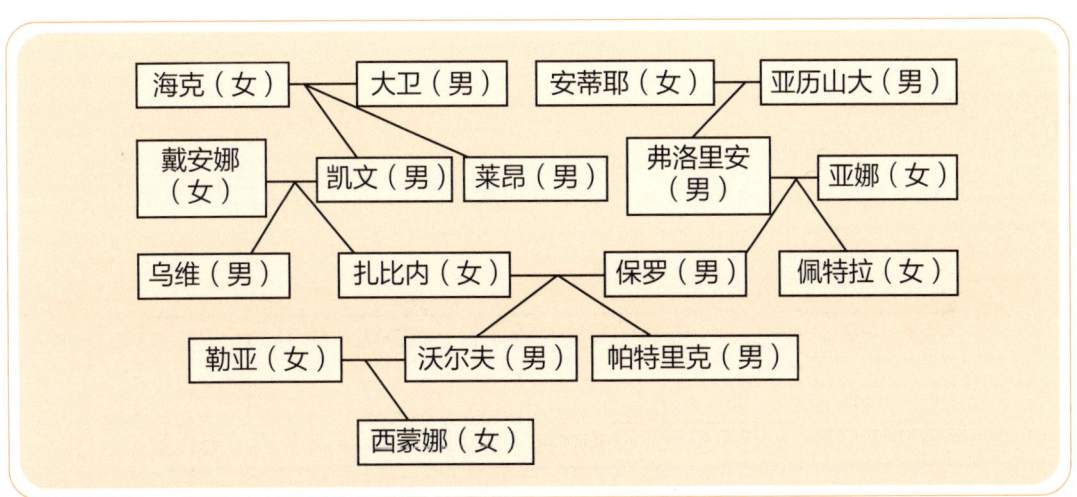

（家庭关系图：海克（女）—大卫（男）；安蒂耶（女）—亚历山大（男）；戴安娜（女）—凯文（男），莱昂（男），弗洛里安（男）—亚娜（女）；乌维（男），扎比内（女）—保罗（男），佩特拉（女）；勒亚（女）—沃尔夫（男），帕特里克（男）；西蒙娜（女））

请根据记忆，回答下面的问题。
（1）凯文有几个外孙？
（2）扎比内的公公叫什么名字？
（3）有几个人没有孩子？
（4）乌维的伯父叫什么名字？
（5）扎比内有几个伯父？
（6）沃尔夫的奶奶叫什么名字？

182　方位与距离 IV

请准确地记住下面这些字母所处的位置以及它们之间的连接线上表示距离（单位：千米）的数字。

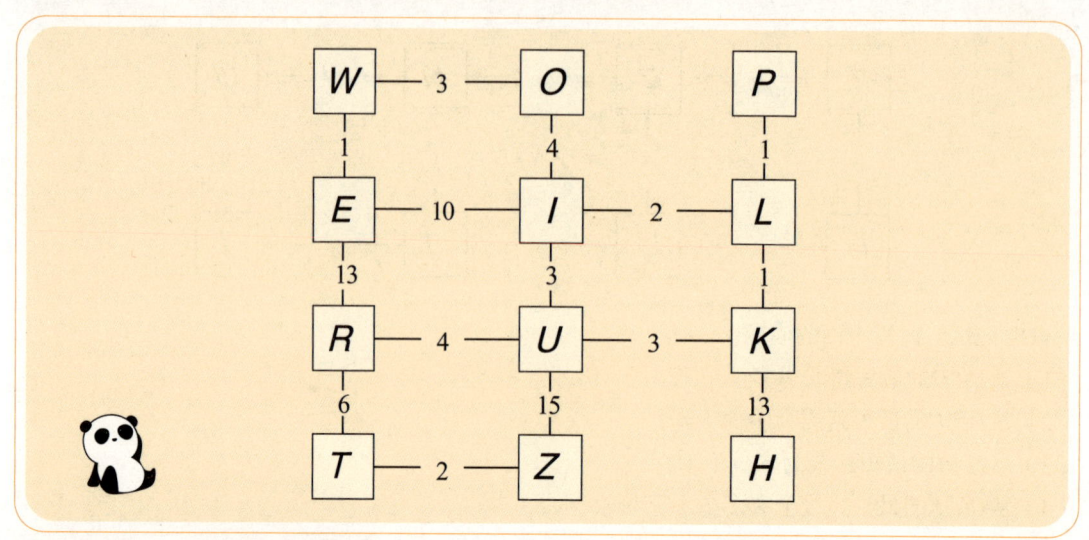

```
W —3— O        P
|       |       |
1       4       1
|       |       |
E —10— I —2— L
|       |       |
13      3       1
|       |       |
R —4— U —3— K
|       |       |
6       15      13
|       |       |
T —2— Z        H
```

请根据记忆，回答下面的问题。
（1）从L到W的最短路线为多少千米？
（2）从Z到K的最短路线为多少千米？
（3）从P到H的路线上最多有几个字母？
（4）从E到L的最短路线上有几个字母？
（5）从U到I的最短路线为多少千米？

183　树状图 V

请记住下面的家庭关系图。夫妻关系由水平线连接起来表示，向下的分支图则表示父母和子女的关系。

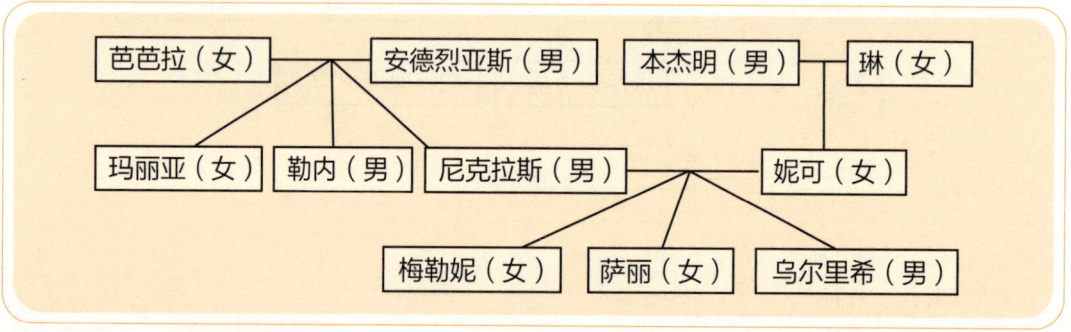

```
芭芭拉（女）——安德烈亚斯（男）    本杰明（男）——琳（女）
        |                                |
   ┌────┼────┐                           |
玛丽亚（女） 勒内（男） 尼克拉斯（男）——妮可（女）
                              |
                      ┌───────┼───────┐
                   梅勒妮（女） 萨丽（女） 乌尔里希（男）
```

请根据记忆，回答下面的问题。
（1）安德烈亚斯有几个孩子？
（2）芭芭拉的孙子叫什么名字？
（3）梅勒妮的外婆叫什么名字？
（4）妮可的小姑子叫什么名字？

184 方位与距离 V

请准确地记住下面这些字母所处的位置以及它们之间的连接线上表示距离的数字。

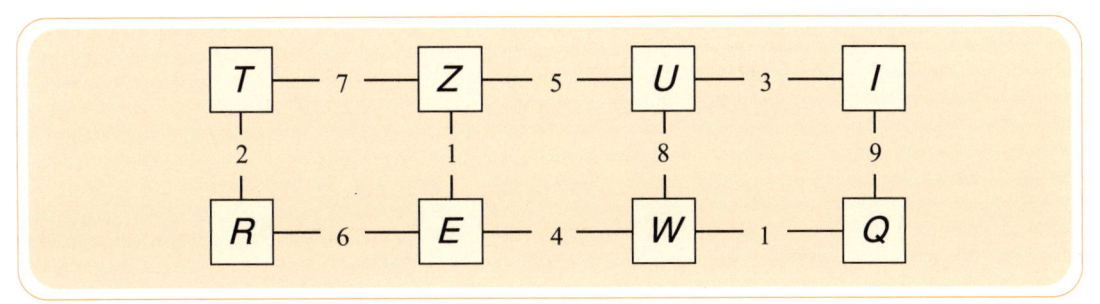

```
T — 7 — Z — 5 — U — 3 — I
|         |         |         |
2         1         8         9
|         |         |         |
R — 6 — E — 4 — W — 1 — Q
```

请根据记忆，回答下面的问题。
（1）从U到Q的最短路线为多少千米？
（2）从Z到W的最短路线为多少千米？
（3）从E到Q的最短路线上有多少个字母？
（4）从R到I的最短路线为多少千米？

185 树状图 VI

请记住下面的家庭关系图。夫妻关系由水平线连接起来表示，向下的分支图则表示父母和子女的关系。

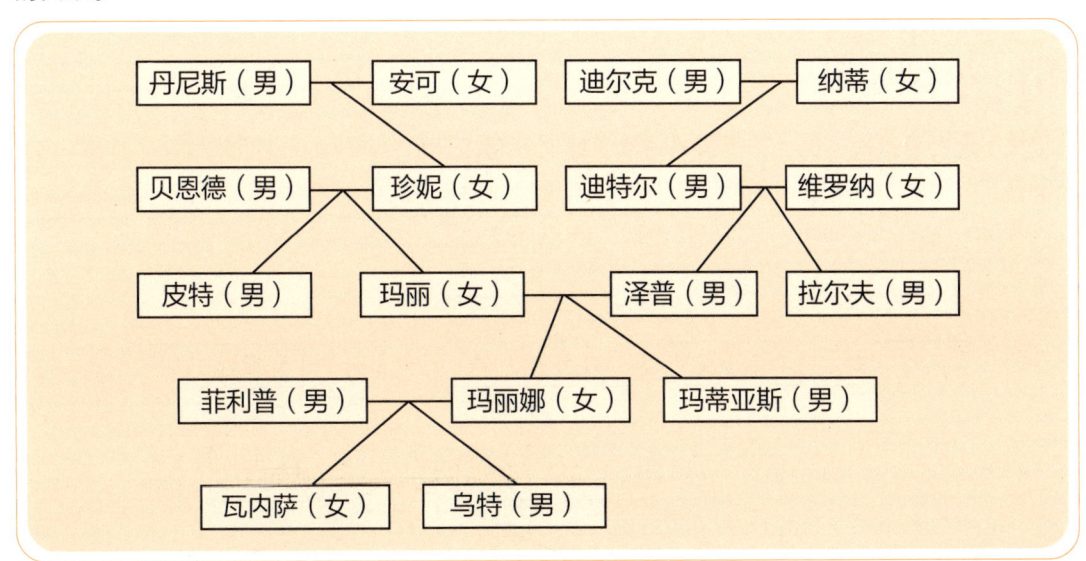

丹尼斯（男）—安可（女）　　迪尔克（男）—纳蒂（女）

贝恩德（男）—珍妮（女）　　迪特尔（男）—维罗纳（女）

皮特（男）　玛丽（女）　　泽普（男）　拉尔夫（男）

菲利普（男）—玛丽娜（女）　玛蒂亚斯（男）

瓦内萨（女）　乌特（男）

请根据记忆，回答下面的问题。
（1）乌特的外婆叫什么名字？
（2）拉尔夫的侄女叫什么名字？
（3）玛蒂亚斯的叔叔和舅舅分别叫什么名字？
（4）丹尼斯有几个外孙和外孙女？
（5）贝恩德的外孙和外孙女分别叫什么名字？
（6）瓦内萨的舅舅叫什么名字？

186 方位与距离 VI

请准确地记住下面这些字母所处的位置以及它们之间的连接线上表示距离（单位：千米）的数字。

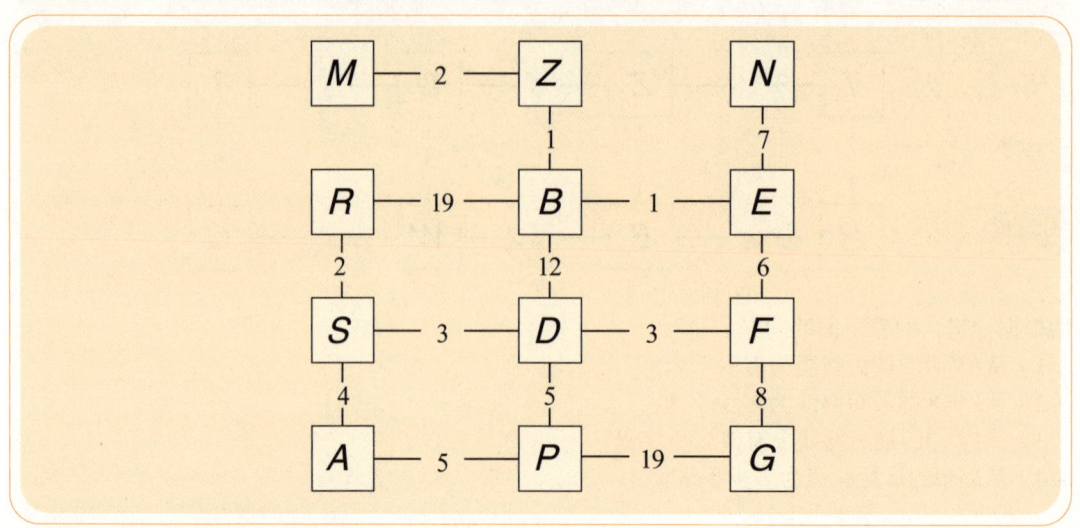

```
M —2— Z        N
        |1     |7
R —19— B —1— E
|2      |12    |6
S —3— D —3— F
|4      |5     |8
A —5— P —19— G
```

请根据记忆，回答下面的问题。
（1）从R到Z的最短路线上有多少个字母？
（2）从G到S的最短路线为多少千米？
（3）从A到D的最短路线为多少千米？
（4）从M到P的最短路线为多少千米？

187 树状图 VII

请记住下面的家庭关系图。夫妻关系由水平线连接起来表示，向下的分支图则表示父母和子女的关系。

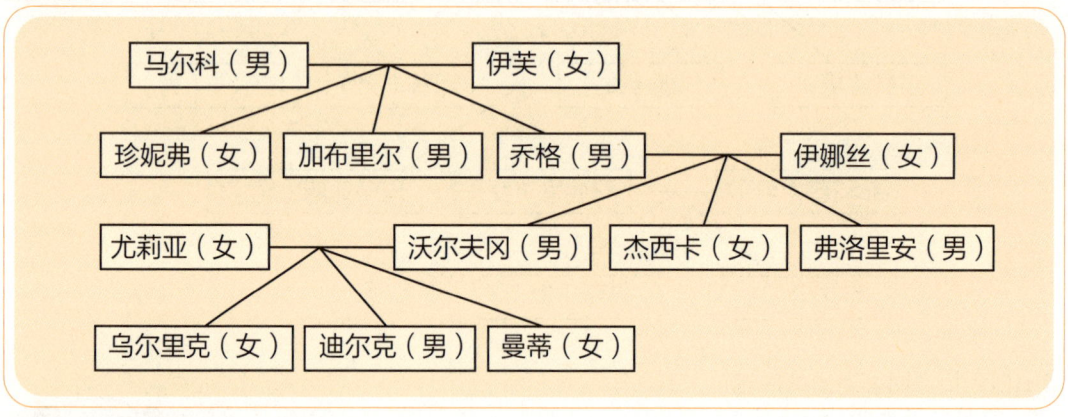

```
         马尔科（男）——伊芙（女）
        ┌──────┼──────┐
   珍妮弗（女） 加布里尔（男） 乔格（男）——伊娜丝（女）
                           ┌──────┼──────┐
     尤莉亚（女）——沃尔夫冈（男）  杰西卡（女）  弗洛里安（男）
        ┌──────┼──────┐
   乌尔里克（女） 迪尔克（男） 曼蒂（女）
```

请根据记忆，回答下面的问题。
（1）珍妮弗有几个侄子？
（2）弗洛里安有几个姑姑？
（3）马尔科的儿媳妇叫什么名字？
（4）乔格有几个孩子？
（5）沃尔夫冈、杰西卡和弗洛里安的姑姑叫什么名字？

第6章

把文字想象成画面，以加深记忆

188 命运

请认真读一遍下面的短文，注意短文中使用的词语、句子以及表达方式。

> 他不知道是什么促使他在一瞬间改变了以往的习惯，选择了另一条道路。这是命运的安排，还是一次纯粹的意外？没有人知道。这也许是件好事。虽然他早就知道摆在自己面前的选择是什么：也许是他立刻回家，懒洋洋地坐在旧沙发上，手里拿着一瓶冰镇的啤酒，看着紧张的足球比赛；又或者是解除所有困惑，最终找到他自己的幸福。

请从下面的文字段落中找到被替换了的表述内容，并在这些表述内容下面画上横线。

　　他不知道是什么推动着他突然改变了以前的做法，使他踏上了另一条路。这是命运的无常，还是一次纯粹的意外？没有人知道。这也许是件好事。虽然他早已明白他要面对的选择是什么：也许是立刻回家，蜷伏在旧沙发上，手里拿着一瓶冰啤酒，看着紧张的足球比赛；或者选择走出所有困境，在最后找到自己的幸福。

189 "超级大脑"

请记住下面这一句话，注意只能记忆一遍。

> 许多人在年幼的时候就表现出与较强的专注力联系在一起的活跃的想象力。

请根据记忆，回答下面的问题。
（1）这句话一共有多少个字？
（2）句中一共有多少个动词？
（3）句中一共有几个"的"字？
（4）句中一共有多少个名词？

190 《在夕阳中》

请阅读下面这首约瑟夫·冯·艾兴多夫的诗歌。可以静静地读几分钟，以加深记忆。

> 我们曾手牵着手走过痛苦与欢乐，
> 我们二人从漫游中归来，在这静谧之地休息。
> 我们的四周围绕着山峦，天色渐暗，
> 两只云雀高飞，似梦幻般穿入云雾之中。
> 从这里出发，展翅高飞吧！之后便是安睡之时，
> 我们不会迷失在这荒芜之地。
> 哦，飞吧，无声的宁静！深入这夕阳里，
> 我们如此困倦，这是否如同死亡？

请根据你所记忆的上方的诗歌，填写下面诗歌中缺少的内容。

我们曾手牵着＿＿＿＿走过痛苦与＿＿＿＿，
我们＿＿＿＿从漫游中归来，在这静谧＿＿＿＿休息。
我们的四周＿＿＿＿着山峦，＿＿＿＿渐暗，
两只云雀高飞，似梦幻般穿入＿＿＿＿。
从这里出发，＿＿＿＿吧！之后便是＿＿＿＿，
我们不会＿＿＿＿在这＿＿＿＿。
哦，飞吧，无声的＿＿＿＿！深入这＿＿＿＿里，
我们如此＿＿＿＿，这是否如同＿＿＿＿？

191 三个句子 I

请阅读下面的句子，并尽可能快地记住它们的顺序。

（1）放学后，孩子们走进面包店，给自己买了些小面包。
（2）在新产品的生产上我们落后了一天。
（3）非常感谢您对我的申请做出的友好回复。

下面这些字和词都是上方的三个句子里的，请写出它们各属于三个句子中的哪一句。

生产	第＿＿句	回复	第＿＿句
落后	第＿＿句	孩子们	第＿＿句
在	第＿＿句	非常	第＿＿句
学	第＿＿句	一天	第＿＿句
产品	第＿＿句	走	第＿＿句
友好	第＿＿句		

192 儿童画

在阅读下面的文字时，请尽可能用生动的方法记忆文字描述的细节。

> 一只独耳的黑猫坐在空心的秃树干上，抬头看着天上的三朵白云。其中一朵白云的后面露出了半个太阳，它正对着黑猫"微笑"。地上趴着一只小老鼠，它看着蜘蛛从秃树干最低的枝丫上垂下来，刚刚够着草叶。

请根据记忆，尽可能详细地画出上方文字所描绘的场景。

193 "梦幻之家"

请准确地记忆下面的文字内容。

> "请您看看这梦幻般的平面图！"房产经纪人眉飞色舞道，"从客厅出来，走过开放式的南阳台，就进入了花园。西面是阳光房，它有一条通道连接花园。卧室在北面，在一个绝对安静的位置上，它同样也有一扇门通往花园。厨房刚好在房子的中间，是一个理想的活动中心。除了卫生间，您在挡风门的旁边还可以看到一间小客房。"

请根据记忆，回答下面的问题。

（1）房子内一共有几个房间？
（2）可以从哪些房间直接进入花园？
（3）房子的卧室坐落在什么方位？
（4）房子里的小客房在什么位置？
（5）位于房子中间的是什么地方？

194 没整理的房间

请准确地记忆下面的文字内容。

> "天哪，内莉！"母亲向她十五岁的女儿抱怨道，"你的房间怎么乱成这样？房间的地板上每天都会出现一个点心盒，现在这个房间的地板上已经有五个点心盒了！还有，在这么乱的书桌上你是怎么做功课的？光盘、杂志、笔、手机、音乐播放器，这些都堆在这儿！""哎呀，妈妈！"内莉不耐烦地叹了口气……

请根据记忆，回答下面的问题。

（1）内莉的年龄是多少？
（2）内莉的书桌上有些什么？
（3）内莉房间的地板上有几个点心盒？
（4）内莉对母亲的批评有怎样的反应？
（5）内莉是怎么称呼她的母亲的？

195 金婚纪念庆典

请准确地记忆下面的文字内容。

> 格达和莱纳将在圣诞夜的前两天庆祝他们的金婚，所有的亲戚朋友都为他们感到高兴。他们的两个孩子——克劳斯和梅希蒂尔德提议，格达和莱纳举办金婚纪念庆典的场地应该租用市政厅的格奥尔格大礼堂，因为格达和莱纳加入了许多团体，如教堂唱诗班、射击协会等，而且格达还是当地妇女协会的成员。但是莱纳担心，由于举办庆典的时间离圣诞夜较近，可能不是每个人都有时间来参加他们的金婚纪念庆典。

请根据记忆，回答下面的问题。

（1）格达与莱纳结婚多长时间了？
（2）莱纳没有参加短文中提到的哪个团体？
（3）格达和莱纳的孩子们各叫什么名字？
（4）格达和莱纳的孩子们建议他们在什么地方举办金婚纪念庆典？

196 "不来梅的音乐家"

请准确地记忆下面的文字内容。

> "你总能找到比死亡更好的东西。"这是4位"不来梅的音乐家"的格言。这4位"不来梅的音乐家"——1头驴、1条狗、1只猫和1只公鸡不想因为年纪大了被主人杀掉，所以相约一起踏上旅途。它们在旅途中合力赶走了一伙强盗。它们"叠罗汉"——狗站在驴的背上，猫站在狗上面，公鸡则站在猫上面。它们一起发出可怕的叫声，强盗们被吓得逃走了。格哈德·马尔克斯，这位德国雕塑家为《格林童话》中的"不来梅的音乐家"雕刻了一座纪念雕像。

请根据记忆，回答下面的问题。

（1）短文中提到的纪念雕像是为谁建立的？
（2）短文中提到的那几只动物为什么要被杀掉？
（3）"不来梅的音乐家"的纪念雕像的创作者叫什么名字？
（4）短文中提到的四种动物"叠罗汉"的顺序是怎样的？
（5）"不来梅的音乐家"的格言是什么？

197 美味的麦糁粥

请准确地记忆下面的文字内容。

> 时间有点来不及，所以卡琳放弃了做一顿大餐的想法。她知道孩子们喜欢吃麦糁粥。卡琳知道需要什么制作材料：1升牛奶、80~100克熟小麦糁、1个中等大小的鸡蛋、30克黄油。她还喜欢在麦糁粥里加些柠檬皮，孩子们则喜欢在做好的粥上撒些糖和肉桂，莫里茨喜欢再加些肉豆蔻。最近孩子们带了2个朋友来，所以卡琳需要多做些粥。她多准备了一半的制作材料。

请根据记忆，回答下面的问题。

（1）莫里茨在她的那份粥里还会加些什么？
（2）因为孩子们带了朋友回来，卡琳要准备多少克熟小麦糁？
（3）卡琳喜欢在麦糁粥里加些什么？
（4）卡琳的孩子们带了几个朋友回来？

198 三个句子 Ⅱ

请阅读下面的句子，并尽可能快地记住它们的顺序。

> （1）为了报复，他随后布置了很多工作和困难的任务。
> （2）基督降临节是基督教的重要节日。
> （3）夜空中绝大多数的亮点都是遥远的恒星。

下面这些字和词都是上面三个句子中的，请写出它们各属于哪一个句子。

布置	第___句	遥	第___句
节日	第___句	任务	第___句
为了	第___句	夜空	第___句
远	第___句	报复	第___句
亮点	第___句		

199 井井有条

请准确地记忆下面的文字内容。

> "秩序如同生活的半边天。"瓦克尔老师边说边整理自己的书桌。在书桌右侧门后面的上层抽屉中放着他的铅笔，中层抽屉中放着草稿纸，下层抽屉中则放着装有课堂笔记的文件夹。在书桌左侧门后面的4个抽屉里，按从下往上的顺序，他分别放了：1本字典；买了但还没来得及读的杂志；信纸、邮票；录音机和磁带。主抽屉里放了烟斗、烟叶、剪刀、直尺、墨水瓶和阅读用的放大镜。

请根据记忆，回答下面的问题。
（1）书桌右侧门的后面有几个抽屉？
（2）瓦克尔老师在主抽屉里放了什么？
（3）还没读过的杂志放在了哪个抽屉中？
（4）书桌左侧门的后面有几个抽屉？
（5）草稿纸放在哪里？

200 一名城市导游

请准确地记忆下面的文字内容。

> "谁想要再次静静地看一遍,现在就有这样的机会。"旅行团的导游说完这句话又列举了一遍奥地利克雷姆斯重要的名胜古迹:石门(它是这座城市的标志)、以中世纪城市法官哥卓的名字命名的哥卓堡以及壁画大厅。壁画大厅里面画满了壁画,描绘了日常生活中的场景。

请根据记忆,回答下面的问题。
(1)那位曾经住在以自己的名字命名的城堡中的哥卓担任的是什么职务?
(2)克雷姆斯的标志是什么?
(3)克雷姆斯属于哪个国家?
(4)壁画大厅里面描绘的是什么场景?

201 说错的词

请准确地记忆下面的文字内容。

> "我喜欢加些相醋。"女主人英格对莉泽洛特说。英格的丈夫马克此时正在和莉泽洛特的丈夫库诺聊天。"我们需要的是搏动的经济,"马克强调道。"对,没错。"库诺提出了他的观点,"但那个不叫'搏动',而是叫……"

请根据记忆,回答下面的问题。
(1)库诺对马克所说的哪个词提出了异议?
(2)女主人也说错了一个词,是哪一个呢?
(3)库诺的妻子叫什么名字?
(4)女主人和她的丈夫分别叫什么名字?

202 扣人心弦的决赛

请准确地记忆下面的文字内容。

> 菲洛里安很恼火，因为在整个上半赛季中，他作为前锋，只为其效力的球队踢进几个球。他所在的球队目前在积分榜上排第4，仅获得了18分。"我们队在比第一场球赛时就输了！"菲洛里安大声说，"之后我们队就一直输，直到后面打平了3场。值得庆幸的是，最后赢了4场！我们队必须赢得下半赛季的所有9场比赛，否则冠军奖就会落入温特斯巴赫队手中！"

请根据记忆，回答下面的问题。
（1）在整个上半赛季中，菲洛里安所在的球队打平了几场球赛？
（2）目前菲洛里安效力的球队获得了多少积分？
（3）菲洛里安不希望哪支球队夺冠？
（4）菲洛里安所在的球队目前在积分榜上排在第几位？

203 复杂的电影之夜

请准确地记忆下面的文字内容。

> 3对夫妻相约去看电影，但他们还没达成一致去看哪一部。莉莎想去看最新的动画电影，格特鲁德很赞成；但莉莎的丈夫亨利讨厌看动画电影，他想去看动作片。莫妮卡的丈夫拉尔夫赞成去看动作片。卡尔认为3对夫妻应该一起行动，所以他支持去看动画电影。他对其他人说："难道你们就不能下定决心去看《美食总动员》吗？"

请根据记忆，回答下面的问题。
（1）莉莎的丈夫叫什么名字？
（2）谁支持去看动画电影？
（3）谁讨厌看动画电影？
（4）一共有几对夫妻相约去看电影？
（5）莫妮卡的丈夫叫什么名字？

204 分清轻重缓急

请准确地记忆下面的文字内容。

> 下一个暑假应该非比寻常。马努艾拉和彼得在这一点上意见一致。自从有了节省开支的目标，他们就变得非常节俭。马努艾拉决定戒烟10周，彼得每周只去1次他最爱的餐厅。他们去购物时不再开小汽车，而是骑自行车去。他们会将洗完的衣物自然晾干而不用烘干机烘干，他们的汽车也是每2个月才洗1次。

请根据记忆，回答下面的问题。
（1）为了实现节省开支的目标，马努艾拉和彼得采取了哪些节约措施？
（2）马努艾拉计划戒烟多长时间？
（3）在达成目标的过程中，彼得将会做出哪些让步？
（4）马努艾拉和彼得洗车的间隔是多久？

205 活泼的孩子们

请准确地记忆下面的文字内容。

> "你们每个人只能选择1个体育项目。"妈妈盖比对她的3个孩子伊娃、海勒和马丁说道。伊娃选了芭蕾，马丁选了柔道，而海勒选了乒乓球。第二天，海勒说学校开设了舞蹈课，她很想去上。盖比看着她丈夫，想起他们自己每周五晚上都会去跳舞，他们的狐步舞跳得很好。"你可以去上学校开设的舞蹈课，"盖比说，"但是只有当你在学校表现好时才能去。"

请根据记忆，回答下面的问题。
（1）盖比和她的丈夫固定每周几去跳舞？
（2）马丁选了哪项体育运动？
（3）除了马丁，盖比的另外两个孩子分别叫什么名字？
（4）在盖比的孩子们中，谁想去上舞蹈课？
（5）盖比和她丈夫的哪种舞跳得特别好？

206　自行车车祸造成的后果

请准确地记忆下面的文字内容。

> 克劳斯很幸运。当他从自行车上摔下来后，他看起来很糟糕，甚至一度失去了知觉。救护人员在10分钟后到达，为了保险起见，给他打了1针。在医院里，克劳斯拍了X光片，X光片显示他的骨头没断，只是身上出现了擦伤和青肿。由于克劳斯戴了安全帽，他避免了遭受严重的伤害。为防万一，医生留他住院观察，直到他的身体没有大碍。可是到了晚上，克劳斯头疼得厉害，随后他被诊断出脑震荡。但3天后他就可以出院了。

请根据记忆，回答下面的问题。
（1）晚上，医院对克劳斯的诊断结果是什么？
（2）为什么说出了这场车祸后，克劳斯看起来伤得很严重？
（3）克劳斯出了一场什么车祸？
（4）出了车祸后，克劳斯接受了哪些检查和治疗？
（5）克劳斯几天后才能出院？

207　"黑珍珠"乐队

请准确地记忆下面的文字内容。

> 这个叫作"黑珍珠"的乐队在两周前让几乎每一位少女都陷入了疯狂之中。他们的热门歌曲《一夜》翻唱自法国女歌手玛丽·拉费劳德在20世纪70年代创作的热门歌曲《分居两地》。这位法国女歌手还亲自谱写了歌曲《一夜》中的其中一段。"黑珍珠"乐队的阿斯顿（键盘手）、麦克（吉他手）、欧文（架子鼓手）和克利（男低音）与主唱弗朗西斯科的观点一致：玛丽·拉费劳德是一位了不起的音乐家。

请根据记忆，回答下面的问题。
（1）玛丽·拉费劳德在20世纪70年代创作的热门歌曲叫什么？
（2）弗朗西斯科在"黑珍珠"乐队中担任的是什么角色？
（3）"黑珍珠"乐队一共由多少位成员组成？
（4）"黑珍珠"乐队中的架子鼓手叫什么名字？

208 雷雨中的森林

请准确地记忆下面的文字内容。

> 在灰色的云层下,一道闪电划过,苍白的光照亮了还没收割完的小麦地。闪电吓到了一只狍子。狍子把头转向光出现的方向,绷紧腹部,跳过小森林旁边的水沟,消失在灌木丛中。就在狍子猛地跳起时,惊起了一只秃鹰,秃鹰振翅飞向了远方。

请根据记忆,回答下面的问题。
(1)狍子最后消失在哪里?
(2)小麦地是怎样的?
(3)请尽可能准确地描述出闪电出现时狍子的反应。
(4)狍子突然跳起时惊起了什么?

209 在城际快车上

请准确地记忆下面的文字内容。

> 销售代表麦尔在最后一刻登上了6点05分开往法兰克福的城际快车——"短跑选手号"。列车长站在即将关闭的车门旁边。麦尔先生急急忙忙赶来,一边向列车长所在的方向微笑致歉,一边登上了26号车厢。他深呼吸了几下,擦了擦额头上的汗。"15号车厢在哪?"他向列车长询问自己的车票上所写的车厢。另一名拉着黑色旅行箱的乘客推着他向前走,于是麦尔先生生气了。"在快车的另一头。"列车长回答。麦尔先生苦笑着说:"去15号车厢对我来说简直就是200米障碍跑啊!"

请根据记忆,回答下面的问题。
(1)麦尔先生跟谁生气了?
(2)麦尔先生乘坐的城际快车叫什么名字?
(3)麦尔先生的车票上显示他的座位在哪号车厢?
(4)麦尔先生的职业是什么?
(5)麦尔先生需要在列车中走多远才能到达他的座位所在的车厢?

210　艺术家卡尔

请准确地记忆下面的文字内容。

> 艺术家卡尔一如既往地不修边幅——他穿了条工装裤。莫奈比埃里希还年轻，但他喜欢穿背带裤，留小胡子。本诺看起来十分显眼（他穿黑色的套衫、黑裤子，戴墨镜），还穿了双高跟靴来弥补身高的不足。埃里希发现他的女友穿着时髦的淡黄色套装。他觉得自己穿的牛仔裤和带有抽象花纹的花哨衬衣与莫奈的衣着形成了鲜明对比。

请根据记忆，回答下面的问题。
（1）谁是一位艺术家，卡尔还是本诺？
（2）埃里希的穿着是怎样的？
（3）莫奈的身高比本诺矮吗？
（4）请描述一下本诺的装束。
（5）谁穿了件有花哨花纹的衬衣？

211　抢劫案的目击者

请准确地记忆下面的文字内容。

> "当时我正在看音像店外面的电影海报，突然窗户玻璃上映出了两个一闪而过的身影。"目击者说道，"两名戴着黄色面罩的男子一起从银行里跑了出来。银行的大门发出巨响，还传出了剧烈的撞击声。两名男子中的大个子撞到了一辆婴儿车，里面的孩子哭闹起来；然后一辆不知道是福特还是雪铁龙的红色汽车伴随着刺耳的刹车声停了下来，随后两名男子跳上了车。小个子男子扔掉了他的面罩，我看见他的右脸颊上有一道疤。他大声咒骂了几句。另外一名男子则有一头深色的短发。"

请根据记忆，回答下面的问题。
（1）抢劫案的目击者提到了哪些声音？
（2）两名嫌疑人男子中谁有一头深色的短发，是小个子的男子还是大个子的男子？
（3）抢劫案的目击者的证词中提到了哪些品牌的汽车？
（4）在抢劫案的目击者看见的场景中有谁哭了？

212 狂欢节车队

请准确地记忆下面的文字内容。

> 67辆狂欢节彩车组成的车队穿过城市，绵延了将近2 000米。1个小丑骑着驴走在队伍的最前面，大声喊道："让一让！"紧跟着的是8辆花车，队伍的最后有1支小乐队。桑巴舞团的笛子和行军鼓发出了震天的声响。有人从一辆花车上向下扔手帕。同一辆车上的社会团体一起向孩子们抛撒糖果，还向成年人扔装有烈酒的小酒瓶。王子和王妃坐在一个天鹅形状的宝座上，他们不断地向人群抛花束、飞吻。

请根据记忆，回答下面的问题。
（1）狂欢节的队伍里有几支乐队？
（2）是谁向观众扔下了手帕？
（3）这支狂欢节的队伍有多长？
（4）谁走在队伍的最前面？
（5）桑巴舞团吹奏的是什么乐器？

213 团队成员

请准确地记忆下面的文字内容。

> 洛特是做与文化研究相关工作的，并且是团队里最年轻的成员。她的男友拉尔夫邀请她去参加聚会。丽塔是佩特拉最好的朋友，她是一位家庭主妇，有一个孩子，但仍然坚持学习，她希望将来能成为一名新闻记者。佩特拉与盖比的前男友结婚了。盖比在银行工作。

请根据记忆，回答下面的问题。
（1）拉尔夫邀请了谁和他一起参加聚会？
（2）佩特拉最好的朋友是做什么工作的？
（3）丽塔打算将来从事什么职业？
（4）洛特的工作与什么相关？
（5）谁在银行工作？

214 令人眼花缭乱的配置

请准确地记忆下面的文字内容。

> 一辆轿车有L、LX和LX-GT型这三种配置类型。所有类型的轿车中都装有空调、ABS防抱死刹车系统、汽车防撞气垫和助力转向装置。而拥有L和LX-GT型配置的轿车中没有配备涡轮增压柴油机，L和LX型配置中不包含停车采暖装置。L型配置中配有导航仪，但需要额外支付费用才能使用。只有L型配置中的涡轮增压柴油机中才有连续的全轮驱动。

请根据记忆，回答下面的问题。
（1）哪种类型的轿车配置中配有需要额外支付费用的导航仪？
（2）哪种类型的轿车配置中配有涡轮增压柴油发动机？
（3）哪种类型的轿车配置中没有配备停车采暖装置？
（4）哪种类型的轿车配置中配有停车采暖装置？
（5）哪种类型的轿车配置中有连续的全轮驱动？

215 移民背景

请准确地记忆下面的文字内容。

> 今天是这18个小男孩和12个小女孩第一天上课。班主任桑德娜向他们及其家长表示欢迎，并向他们介绍了自己的班级：在她的班里有1/3的孩子来自单亲家庭，所以她肯定新来的3个小姑娘能被照顾好。在2个分别来自阿富汗和尼日利亚家庭的孩子旁边是来自科索沃和厄立特里亚的孩子，他们自幼儿园时起就能说一口流利的德语。

请根据记忆，回答下面的问题。
（1）班主任叫什么名字？
（2）班里有几个孩子来自单亲家庭？
（3）班里一共有几个来自尼日利亚家庭的孩子？
（4）请按照汉语拼音字母的排序，给上面出现的国家名称按汉语拼音首字母排序。

216 三个句子 Ⅲ

请阅读下面的句子，并尽可能快地记住它们的顺序。

> （1）这座城市凭借240 000人口成了第二大城市。
> （2）时至今日，潜艇已经成为国家战略武器的重要组成部分。
> （3）这里气候温暖潮湿，全年平均气温为22摄氏度。

下面这些字和词都是上面的三个句子里的，请写出它们各属于上方三个句子中的哪一句。

今日	第___句	潮湿	第___句
成为	第___句	气温	第___句
全	第___句	城市	第___句
这里	第___句	潜艇	第___句
平	第___句		

217 小偷

请准确地记忆下面的文字内容。

> 16岁的西拉斯站在法庭上。此前他和他的朋友汤姆、欧耿和杜尔斯在一家电子产品商店里行窃，他们把商店里的CD机、DVD播放机、耳机和电池偷偷塞进了自己的口袋。商店里的保安看见了这一切，并抓住了西拉斯。主审法官里希特·科勒仔细聆听了西拉斯的辩护律师的辩护：西拉斯只是攀比心理在作祟，他已经获得了商店店主的原谅，并通过在商店中工作来弥补商店因被盗而遭受的损失。

请根据记忆，回答下面的问题。
（1）谁主审这桩偷窃案？
（2）这起偷窃案中的赃物有哪些？
（3）目前对西拉斯有利的因素有哪些？
（4）西拉斯多少岁？
（5）西拉斯的同伙叫什么名字？

218 公交车

请准确地记忆下面的文字内容。

> 从始发站"火车总站"到终点站"花园里"之间，8路公交车一共要经过12个站台。13时07分时，这辆公交车就被学生们塞满了，司机估计了一下，车上大概有65个孩子。此外，还有两位推着童车的女士和埃纳。通过和同事的交谈，司机得知埃纳经常在公交车上一待就是一天。

请根据记忆，回答下面的问题。
（1）8路公交车的始发站叫什么？
（2）8路公交车的终点站叫什么？
（3）在8路公交车的始发站和终点站之间一共有几个站台？

219 烈日当空

请准确地记忆下面的文字内容。

> "这些大树都已经枯死，不再生长了。到了中午，当橡树的影子刚好是我兄弟身高的5倍时，温尼托就会出现。"

请根据记忆，回答下面的问题。
（1）短文中提到了哪种树？
（2）当温尼托出现时，树的影子有多长？

220 三个句子 Ⅳ

请阅读下面的句子，并尽可能快地记住它们的顺序。

（1）布里安已经结婚，他如今与妻子和3个孩子生活在东京。
（2）这棵树适应了德国的寒冷气候，并茁壮成长起来。
（3）这样的单页叫作样张。

下面这些字和词都是上面三个句子里的，请写出它们各属于上面的三个句子中的哪一句。

样张　第___句　　　寒冷　第___句　　　成长　第___句
树　　第___句　　　如今　第___句　　　单　　第___句
叫作　第___句

221 使用说明

请准确地记忆下面的文字内容。

数码相机的使用说明书上这样写着：半按下快门键，相机会发出两声短鸣，并对准物体调节焦距；相机的显示屏上的取景框会缩小，闪光指示灯开始持续不断地闪烁。

请根据记忆，回答下面的问题。
（1）上面的文字描述表明相机什么时候会发出两声短鸣？
（2）在发出了两声短鸣之后，相机接下来会自动做什么？
（3）之后相机的显示屏上会出现什么变化？

222 日常采购

请准确地记忆下面的文字内容。

> 马克去购物。他的钱包里有：一张10欧元的纸币、一张5欧元的纸币、两枚2欧元的硬币、两枚1欧元的硬币和一枚50欧分的硬币。在面包店里，他花了1欧元买了半个面包。在超市里，他买了150克香肠（1.16欧元）、1升牛奶（0.85欧元）和453.6克咖啡豆（3.99欧元）。他用10欧元的纸币付了账。

请根据记忆，回答下面的问题。
（1）谁去购物了？
（2）购物者先去了哪里？
（3）他在超市里用多大面额的钱付了账？
（4）超市里香肠的价格是多少？
（5）回家时，购物者的钱包里还剩下多少钱？
（6）购物前，购物者的钱包里有几枚1欧元的硬币？